원소들의 놀라운 이야기

원소들의 놀라운 이야기

—

2023년 10월 20일 초판 1쇄 발행

—

지은이 아니아 뢰위네
옮긴이 홍우진
펴낸이 강준규
책임편집 유형일
마케팅지원 배진경, 임혜솔, 송지유, 이원선

—

펴낸곳 (주)로크미디어
출판등록 2003년 3월 24일
주소 서울특별시 마포구 마포대로 45 일진빌딩 6층
전화 02-3273-5135
팩스 02-3273-5134
편집 02-6356-5188
홈페이지 http://rokmedia.com
이메일 rokmedia@empas.com

—

ISBN 979-11-408-1724-5 (03430)
책값은 표지 뒷면에 적혀 있습니다.

—

브론스테인은 로크미디어의 과학도서 브랜드입니다.
잘못 만들어진 책은 구입하신 서점에서 교환해 드립니다.

원소들의 놀라운 이야기

아나 클라위너 지음 · 홍우진 옮김

우리 몸과 우주를 형성하고,
세상을 바꾸어 온 중요한 존재에 관하여

THE ELEMENTS WE LIVE BY

BRONSTEIN

:: 머리말 ::

우리와 우리가 사는 행성 사이의
환상적이고도 비극적인 관계

여러분과 나는 우리가 사는 지구의 원시적인 구성 요소에서 생겨난 생명의 일부이다. 우리의 몸은 우주를 형성하는 원자와 원소로 구성되어 있다. 내 아이들의 몸도 흙과 물, 암석, 공기 속의 원소로 형성되고 이를 통해 성장한다. 미래에 내 몸이 흙으로 돌아가면 내 몸속의 원소는 언젠가 나무나 돌이 될 것이다.

우리 인간은 몸만으로 살아갈 수 없다. 내가 입고 있는 옷, 내가 사는 집, 빵에 버터를 바를 때 내가 쓰는 칼 등 내가 쓰는 모든 물건은 내 몸만큼이나 중요하다. 게다가 비료를 만들고 식량을 생산하는 데 도움을 주는 광산과 중장비가 없었으면 인류는 지금처럼 번성할 수 없었을 것이다.

원소들의 놀라운 이야기

우리 삶 속 모든 사물과 그것을 이루는 요소는 인류와 함께 발전해온 독특한 환경, 즉 우리의 문명 속에서 제 역할을 해왔다. 안락하게 지낼 수 있는 따뜻한 집, 새로운 장소로 여행할 수 있는 교통수단 화면을 클릭하고 타자를 치기만 해도 세상의 거의 모든 지식을 얻을 수 있는 지금의 삶을 누리지 못한다는 건 상상조차 할 수 없다(내가 책장 선반 위 백과사전을 읽고 손으로 편지를 쓰던 아날로그 세대여도 말이다).

오늘날에는 매일같이 인간이 탄생한다. 또 새로운 컴퓨터와 전화기가 생산된다. 곰곰이 생각해보면 정말 놀라운 일이다. 그런데 이쯤에서 의문이 든다. 이 세상에 물건과 식량을 넘치도록 생산할 수 있게 한 구성 요소는 무엇인가? 그 요소는 무엇으로 이루어져 있는가? 만약에 우리가 그 요소를 다 써 버려서 기름이 바닥난 자동차처럼 세상이 '끽' 하는 소리를 내며 멈추게 할 수 있을까? 나는 이처럼 우리 몸과 우주를 형성하고 세상을 바꾸어 온 원소에 관해 이야기할 것이다.

요즘 우리는 환경에 대해 관심이 많아졌다. 과거라면 간과했던 점들을 이야기한다. 인간의 소비가 물과 흙, 공기에 어떤 영향을 미칠지, 또 6600만 년 전 운석 충돌로 멸종한 공룡처럼 빠르게 멸종해 가는 지구의 수많은 생물들에 대해 큰 관심을 보인다. 우리는 바다가 어쩌다 쓰레기로 가득 차게 되었는지 논의하고, 바다에 물고기보다 더 많은 플라스틱이 떠다니게 되는 게 아닌지 걱정한다. 우리는 기후 변화에도 큰 관심이 있다. 발전소와 자동차에서 태우는 석유와 석탄이 실제로 기후를 변화시킨다는 사실을 알고 있으며, 어쩌면 미래에는 지구에 거주 가능 지역보다 거주 불능 지역이 더 많아질 수 있다는 것도 알고 있다.

이처럼 환경 파괴라는 주제로 이야기를 나누다 보면 내가 너무나 무기력한 존재라는 사실을 뼈저리게 느끼게 된다. 이 거대한 그림 속에서 나는 어떤 존재인가? 수많은 생물들이 멸종 위기에 처하는 것에 나도 일조하지 않았을까? 나는 자식들에게 어떤 세상을 남겨주고 있을까? 내 개인적인 죄책감을 덜어낼 뿐만 아니라 세상이 더 좋은 방향으로 나아가도록 내가 할 수 있는 일이 있을까? 나는 물건이나 식량의 생산만이 아니라 인류의 지속적인 성장과 생산이 얼마나 대단하면서도 비극적인 결과를 불러올 것인지에 관해서도 이야기할 것이다.

우리는 종종 무언가 논의할 때 제대로 이해하지 못하고 말할 때가 있다. 제대로 이해하지 못한다면 해결책을 찾아낼 수 없다. 밝은 미래를 위한 실질적인 변화를 이끌어내고 싶다면, 제대로 이해해야 할 필요가 있다. 이 책은 그러한 이해를 위해 쓴 책이다.

원소들의 놀라운 이야기

:: 차례 ::

Li ³ 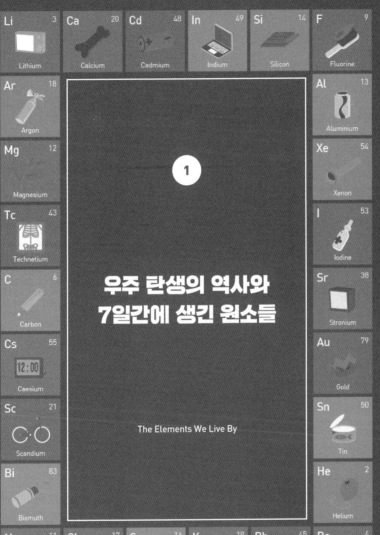	Ca ²⁰	Cd ⁴⁸	In ⁴⁹	Si ¹⁴	F ⁹
Lithium	Calcium	Cadmium	Indium	Silicon	Fluorine

Ar ¹⁸		Al ¹³
Argon		Aluminium

Mg ¹²	Xe ⁵⁴
Magnesium	Xenon

①

Tc ⁴³	I ⁵³
Technetium	Iodine

C ⁶	Sr ³⁸
Carbon	Stronium

우주 탄생의 역사와
7일간에 생긴 원소들

Cs ⁵⁵	Au ⁷⁹
Caesium	Gold

Sc ²¹	Sn ⁵⁰
Scandium	Tin

The Elements We Live By

Bi ⁸³	He ²
Bismuth	Helium

Na ¹¹	Cl ¹⁷	S ¹⁶	K ¹⁹	Rh ⁴⁵	Be ⁴
Soldium	Chorine	Sulfur	Potassium	Rhodium	Beryllium

원소들의 역사는 우주 탄생의 순간까지 거슬러 올라간다. 우주 탄생과 함께한 원소들의 역사는 인류의 역사와는 비교할 수 없을 정도로 엄청나게 길다. 나는 이 오래된 역사를 좀 더 쉽게 설명하기 위해 성경 속 천지창조에 비유하려고 한다. 즉 우주 탄생의 역사를 간략하게 7일간의 역사로 바꿔 말할 것이다.

이 이야기에서 나는 10억 년을 12시간으로, 100만 년을 45초로, 1000년을 0.44초로 바꾸어 놓을 것이다. 우주가 탄생한 지 138억 년이 지났지만, 쉽게 설명하기 위해 앞서 말한 대로 환산할 것이다. 이야기는 시계가 월요일 0시를 가리킬 때 시작될 것이다. 여러분이 이번 장의 끝에 도달할 때쯤이면 시계는 일요일 자정에 도달하기 일보직전일 것이다.

원소들의 놀라운 이야기

월요일: 우주의 탄생

처음에는 시간도 공간도 존재하지 않았다. 우주가 어떻게 시작되었는지, 또 왜 그렇게 시작되었는지는 정확히 알기 어렵다. 그러나 우리는 그 모든 것이 단 한 번의 폭발로 시작되었음을 알고 있다. 우리가 빅뱅이라고 부르는 대폭발로 인해, 갓 태어난 우주의 에너지가 모든 방향으로 발산됐다. 이렇게 탄생한 어린 우주는 오늘날 우리가 이 세상에서 체험하고 있는 자연법칙의 영향을 받기 시작했다.

집 안의 먼지가 모여 먼지 뭉치가 되는 것처럼(이건 단지 시간문제다), 우주의 에너지도 결국 응집되기 시작했다. 이러한 덩어리들, 즉 에너지의 입자들을 우리는 질량이라고 부른다. 이는 물체와 물질, 실체가 있는 것, 우주에서 우리가 만지고 느낄 수 있는 모든 것을 이룬다.

나의 몸과 소유물, 우리가 사는 행성, 주변을 둘러싸고 있는 모든 것이 원자로 이루어져 있다. 원자는 양성자, 중성자, 전자라고 하는 세 가지 유형의 입자로 구성되어 있다. 양성자와 중성자는 원자의 핵 안에서 서로 단단히 붙어 있다. 그리고 핵 속의 양성자 수는 원자가 어느 원소인지를 결정한다. 핵에서 양성자 일부가 없어지거나 새로이 추가되면 원자는 전혀 다른 원소가 된다. 처음에 하나의 원자에서 양성자의 수와 전자의 수는 서로 같다. 그러나 전자가 원자의 바깥 껍질 주변으로 움직이면 우리가 '화학반응'이라고 부르는 현상에 의해 원자 간에 전자가 교환된다.

양성자, 중성자, 전자는 어린 우주를 구성하고 있던 에너지와 질량으로 만들어진, 쿼크quark라는 이름의 수프에서 생겨났다. 양성자와 중성자는 결국 서로 붙어서 수소, 헬륨, 리튬 같은 원소의 원자핵이 된다. 가장 작고 가벼운 이 세 가지 원소는 핵 속에 각각 한 개, 두 개, 세 개의 양성자를 가지고 있다. 그중에 수소는 생명체를 구성하는 물과 유기 분자 속의 중요한 구성 요소다. 인간의 몸은 약 10퍼센트의 수소로 구성되어 있다는 사실을 떠올려 보자. 그런 식으로 생각해 보면 당신의 몸은 엄밀히 말해 우주 탄생에서 직접 기원했다고 할 수 있다!

0시에서 16초가 지났을 때, 우주는 매우 차가워진 상태였다. 그래서 전자가 즉시 방출되지 않고 원자핵에 붙어 있는 게 가능했다. 그렇게 빛은 처음으로 뜨거운 전자 때문에 멈추는 일 없이 우주를 뚫고 나아갈 수 있었다. 0시가 막 지났을 무렵, 우주에는 눈에 보이는 빛이 생겼다. 물론 그것을 직접 지켜본 사람은 없었지만 말이다.

그다음 열두 시간에 걸쳐 우주의 질량은 계속해서 한데 모였고 거대한 원자구름이 형성되었다. 시계가 새벽 3시를 가리

원소들의 놀라운 이야기

키기 전, 이 구름 무리는 최초의 은하들이 되었다. 이 은하 중 하나는 우리은하라는 우리의 고향이 되었다. 오늘날 우리은하는 우주에 있는 2조 개 이상의 은하 중 하나일 뿐이다.

오전 6시에 은하들의 원자구름 중 일부가 매우 커지더니 자신의 무게를 버티지 못하고 붕괴했다. 이것이 최초의 별들이 존재하게 된 과정이다. 오늘날 우리 태양보다 상당히 더 큰 이 물질 덩어리들 중 하나에 우리가 들이마시는 산소로 바뀔 수소 원자들이 포함되어 있었다.

주변 다른 모든 원자의 무게가 수소 원자들에게 엄청난 힘으로 압력을 가했다. 우선 이 때문에 전자들이 핵에서 떨어져 나왔다. 매우 강해진 압력이 수소의 핵들을 서로 융합시켜 새로운 헬륨 핵들이 형성되었다. 이 핵융합은 원자들의 덩어리를 덮히는 엄청난 양의 에너지를 방출했고, 그로 인해 밝은 별 하나가 만들어졌다. 이와 같은 과정이 오늘날 우리 태양 속에서 여전히 일어나고 있다. 당신이 창밖을 바라볼 때 눈으로 들어오는 빛은 태양 내부에서 일어나는 핵융합 반응으로 생겨난 것이다.

수소 핵들이 대부분 점차 헬륨으로 바뀌면서 별 내부에서의 에너지 방출 속도가 느려지기 시작했다. 별의 중심부는 주변 물질로부터의 압력을 견딜 만한 충분한 힘을 갖지 못하고 붕괴했다. 이로써 별의 일생은 새로운 국면에 접어들었다. 이 붕괴로 헬륨 핵들이 서로 매우 가까워지면서 새로운 핵융합이 일어난 것이다. 각기 2개의 양성자를 가진 헬륨 핵 3개가 만나 6개의 양성자를 가진 핵이 되었는데 이것이 탄소다. 그리고 탄소의 핵은 다른 헬륨 핵과 융합되어 8개의 양성자를 가진 핵이 되었는데 이것이 산소다. 이 원자핵은 인간의 뇌로 들어가는 혈액의 적혈구 안에서 산소 원자의 형태로 지금도 발견된다.

별의 내부에서는 원자핵이 융합되어 점점 더 무거운 원소로 변하는 과정이 계속되었다. 신체의 질량 86퍼센트를 이루는 탄소, 질소, 산소가 이렇게 형성되었다. 지구에서는 압력이 너무 낮아서 그런 원소들이 만들어질 수 없었으니, 우리 몸속의 이들 구성 요소는 실제로 별에서 왔다고 확신할 수 있다. 따라서 우리는 모두 별의 후손인 셈이다. 게다가 혈액 속 철분, 뼈와 DNA 속 인산, 휴대전화의 알루미늄, 음식에 뿌려 먹는 소금(나트륨과 염소의 화합물)이 모두 이러한 과정으로 만들어졌다.

우리는 별의 일생이 이번 일주일간의 이야기 중에서 몇 분 정도밖에 안 된다는 것을 알게 됐다. 폭발을 동반하는 별의 종말은 매우 장관이어서 우리는 그것을 초신성이라 부른다. 폭발 과정에서 철보다 훨씬 무거운 니켈, 구리, 아연 같은 원소들

원소들의 놀라운 이야기

이 형성되었다. 당신의 집에 있는 전선도 초신성에서 유래한 물질로 이루어져 있다.

우주 속으로 던져지지 않은 물질, 즉 폭발의 찌꺼기들은 붕괴하여 중성자별이 되었다. 중성자별에서 핵들은 모두 서로 융합하여 (지름 15킬로미터 정도인) 큰 도시 규모의 육중한 덩어리가 되었다. 비록 우리가 원소라고 부르지는 않지만, 그것은 어떤 면에서 거대한 핵인 셈이다. 우리은하에는 약 10억 개의 중성자별이 있다. 그러나 다른 별들에 비하면 매우 작고 차가워서 그것들을 찾기는 쉽지 않다.

우주에 얼마나 많은 공간이 있는지, 그리고 중성자별이 얼마나 작은지를 생각해 본다면, 그다음에 일어난 일은 불가능에 가까운 것처럼 느껴진다. 그래도 우리는 그 일이 일어났다는 사실을 알고 있다. 우주가 탄생하던 처음 며칠 사이, 어느 순간 두 개의 중성자별이 충돌했다. 이 충돌로 금, 은, 백금, 우라늄, 그리고 그러한 극한의 상황에서만 형성될 수 있는, 아주 무거운 다수의 원소들이 생겨났다. 갓 태어난 원소들은 우주 속으로 던져져 은하의 먼지구름 그리고 원자들과 뒤섞였다.

이렇게 7일 중 첫날부터 여러 원소가 생겨났다. 항상 원소들은 별들이 태어나고 죽고 폭발하고 충돌하면서 여전히 우주에 생겨나고 있다. 그러나 이곳 지구에서 원소들은 상당히 일정하다. 우리 행성에서 원소들이 생겨나고 파괴되는 과정은 우라늄과 다른 무거운 원소들의 불안정한 핵이 쪼개지기 시작하는 방사성 과정을 통해서만 일어난다. 실험실에서조차 별들 내부에서 일어나는 과정을 재현하기는 거의 불가능하다. 이론적으로는 원소를 조합하는 방식을 바꿈으로써 여러 물질을 만들 수 있다는 무한한 가능성이 있지만, 지구상에 존재하는 원소에 관해서라면 현재로서는 지금까지 우리가 가지고 있는 것이 전부다.

화요일부터 목요일까지: 별들이 태어나고 죽다

우주는 화요일부터 목요일까지 3일 동안 같은 과정을 반복했다. 별들이 태어나고 죽었다. 초신성들은 압력파와 물질의 구름을 우주 속으로 쏟아냈다. 별들 내부에서 수소와 헬륨이 지속해서 융합하여 새로운 원소가 되었고, 우주에 존재하는 수소와 헬륨의 총량은 더 무거운 원소들의 양이 증가하면서 꾸준히 감소했다.

원소들의 놀라운 이야기

금요일: 우리 태양계가 형성되다

금요일 오후 4시 정각에 우리 이웃에 있는 별 하나가 죽었다. 초신성에서 방출된 압력파는 먼지와 가스를 쥐어짜서 우리가 들이마시는 산소를 함유한 구름을 만들어 냈다. 이에 대한 연쇄반응으로 물질의 덩어리들은 주변 영역에서 먼지와 가스를 빨아들이기에 충분할 만큼 무거워졌고, 그것들이 커지고 무거워질수록 주변에서 빨아들이는 먼지와 가스도 많아졌다. 단 45분 만에 그 구름은 궤도에서 몇 개의 행성을 거느린 별이 되었다. 이 별이 바로 우리 태양계의 중심인 태양이다.

모든 행성이 하나의 별(항성)을 중심으로 공전한다. 행성은 별에 가까워질수록 별 내부의 핵반응으로 나오는 방사선에 의해 점점 더 가열된다. 우리의 태양계에서 태양에 가장 가까운 행성들은 온도가 극도로 높아졌다. 오늘날 그것들의 표면온도는 화씨 750도(섭씨 400도)가 넘는다. 반면 더 바깥쪽에 있는 행성들은 꽤 차갑다. 태양광선이 그 행성들을 화씨 32도(섭씨 0도) 이상으로 덥힐 수 없기 때문이다. 가장 멀리 떨어져 있는 행성들은 화씨 -300도(섭씨 -185도) 이하의 얼어붙은 세상이다.

그러나 한 행성에서만큼은 태양으로부터의 거리가 아주 적절했다. 태양 주변의 거주 가능한 이 지역에서의 행성 온도는 물이 끓지 않을 만큼 낮았고, 동시에 모든 물이 얼어 버리지는

않을 만큼 높았다. 다름 아닌 우리의 고향인 지구가 될 행성이
었다.

그러나 초기의 지구는 타는 듯 뜨거웠고, 실제로 완전히 액
체로 채워져 있었다. 이곳은 또한 지속해서 크고 작은 운석들
이 날아와 부딪혔다. 이들 중 하나 또는 더 많은 돌이 굉장한
힘으로 지구를 강타했고 충돌 후 날아간 물질이 지구 주변 궤
도에서 함께 응집하여 달이 되었다.

지구가 더 바깥쪽 우주의 냉기 속에서 점차 냉각되어 감에
따라 철, 금, 우라늄 같은 무거운 원소들이 액체 구형의 중심으
로 가라앉았다. 실리콘과 우리 몸의 주요 구성 요소인 탄소, 산
소, 수소, 질소 같은 더 가벼운 원소들은 가장 바깥쪽 가장자리
에 남게 되었고, 결국 가스 대기를 가진 행성의 둘레에 규산 함
유 암석으로 이루어진 단단한 지각을 형성하였다.

최초의 대기에는 두 개의 수소 원자가 한 개의 산소 원자에
연결된 분자들이 형성되었는데 이것이 물이다. 저녁 6시 30분,
온도는 물 분자들이 응집하여 물방울이 될 만큼 충분히 내려
갔다. 물방울들이 충분히 커지고 무거워졌을 때 그것들은 지
표면으로 비가 되어 내렸고 그렇게 최초의 더운 바다가 만들
어졌다.

바다 아래 깊숙한 곳에서는 뭔가 거의 마술 같은 일이 일어

원소들의 놀라운 이야기

났다. 탄소, 수소, 산소가 더 적은 양의 황, 질소, 인과 함께 큰 분자들에 달라붙었다. 어느 순간, 이들 분자 중 일부는 근처 원소들이 똑같은 방식으로 달라붙게 함으로써 자기 자신을 복제하게 만드는 구조를 나타냈다. 이것이 생명의 기초다. 언제 이 분자들이 복잡한 화학 체계이던 것에서 생명이 있는 것으로 변모했을까? 생명은 한 장소에서 한 번에 생겨났을까? 아니면 일련의 오랜 시도 끝에 처음으로 행성 전체에 퍼졌을까? 과학자들은 여전히 명확한 해답을 얻지 못했다. 그러나 우리 인간이 생명은 계속되었다는 증거로 남긴 했다.

우리 인간은 이 행성의 중심부로 가라앉은 금속들로부터 혜택을 받지 못할 뻔했다. 지구 내부 깊고 먼 곳으로 가라앉았기 때문이다. 그러나 다행히도 우리가 인간 사회를 발달시킬 수 있었던 방식에 결정적 영향을 준 사건이 금요일 밤 10시쯤에 발생했다. 나머지 저녁 시간 동안 지구가 운석들의 폭격을 받은 것이다. 과학자들도 그 이유를 명확히 설명하지 못하고 여러 이론으로 나뉘어 있다. 그 중에 하나 언급하자면 더 큰 행성들이 궤도를 조정하여 태양계에서 다른 물질이 움직이던 방식에 혼란을 주었다는 이론이 있다. 정확한 이유는 알 수 없지만, 더 단단해진 지각 때문에 이들 운석에 포함된 금속이 지구 중심부로 가라앉지 못하고 지구의 지각에 부딪힌 후 튕겨져 나왔다. 이것들이 오늘날 우리가 자동차나 포크를 만들기 위해서 사용하는 금속이다.

자정이 되기 약 30분 전, 지구의 지각은 금이 가서 개방되며 움직이기 시작했다. 지금도 우리 행성의 지각은 용융상태로 점성을 띤 암석층인 맨틀mantle 주변을 떠다니는 여러 판으로 구성되어 있다. 지표 위는 매우 차가워서 녹은 암석이 판들 사이의 금이 간 곳을 뚫고 나타나면 고체로 굳어서 새로운 지각이 된다. 그러므로 이 판들은 서로 영향을 주고받아 움직이면서 끊임없이 형태를 바꾸고 있다. 오늘날 인도가 남쪽으로부터 아시아로 파고들면서 히말라야산맥이 형성되고 있는 것처럼, 서로 다른 두 개의 판 위에 있는 대륙이 충돌하면 커다란 산맥이 형성된다. 많은 장소에서 얇은 해저의 판이 더 두꺼운 대륙판의 지각 아래로 미끄러져 들어간다. 이런 현상이 오늘날 남아메리카의 태평양 연안을 따라 일어나고 있다. 다른 곳에서는 여러 판이 나란히 서로를 스치고 있다. 그것들이 꽉 끼어 있다가 마침내 다시 미끄러지면 강력한 지진이 일어날 수 있고, 그 결과, 암반을 눌러 부수어 암반 전체에 대규모의 균열이 생긴다.

지구의 판들이 어울려 추는 춤은 판구조론plate tectonics으로 알려져 있다. 우리의 태양계에서 지구는 매우 활동적인 표면

원소들의 놀라운 이야기

을 가진 유일한 행성이다. 오직 지구의 지각만이 춤을 추고 있는 이유는 명확하지 않다. 그러나 이 춤이 없었다면 지구는 죽은 행성이었을 것이다. 판 구조는 지구의 컨베이어벨트이며 우리 행성을 흥미진진한 장소로 만드는 모든 것의 이면에 존재하는 추진력이다. 이 움직임은 물과 바람에 의해 바다로 옮겨져 수백만 년 동안 해저에 묻혀 있던 것을 표면으로 다시 들어 올림으로써 지구의 물질들을 재순환시킨다. 그 움직임은 지각에 균열을 만들어 내는데 여기서 흐르는 물이 원소들을 깊은 곳에서 위로 이동시킬 수 있다. 오늘날 이 균열들의 잔재에서 우리는 금과 다른 금속들을 파내고 있다.

토요일: 생명이 시작되다

지구를 향한 운석들의 폭격은 토요일 이른 새벽, 0시 45분 정도까지 계속되었다. 그런 다음 행성의 상태는 훨씬 더 잠잠해졌다. 새벽 5시 30분까지 지구는 눈에 보이지 않는 방패로서 태양의 해로운 고에너지 입자 대부분을 막아 주는 자기장을 갖추게 되었다. 이러한 보호막이 없다면 우리는 살아남기 위해 지하 동굴에서 살아야 할 것이다.

자기장의 형성과 거의 같은 시간에 최초의 단세포 유기체가 나타났다.

사실 살아 있는 유기체는 자신을 복제하기 위해 주변의 에너지를 사용하는 작은 기계일 뿐이다. 물론 그 유기체는 주변에 일어나는 일을 기록하고 움직이며 서로 정보를 주고받는 것과 같은 몇 가지 다른 기능도 가지고 있다. 우리의 몸이 먹는 음식물로부터 에너지를 얻는 한편, 최초의 생명체는 해양 속 깊은 곳의 화학적 화합물로부터 그들이 필요로 하는 에너지를 얻었다고 과학자들은 믿고 있다. 지각판들이 따로 떨어져 미끄러지는 곳에는 완전한 암흑 속에서 사는 총체적인 생태계가 여전히 존재한다. 이곳에서 광물이 풍부한 물은 해저에서 분화구 같은 구조물을 통해 위쪽으로 흐른다. 그리고 이 광물들에 존재하는 화학결합은 생명체가 이용하는 에너지를 포함하고 있다.

오늘날 지구상의 거의 모든 생명체는 광합성을 통해서 태양에서 오는 에너지를 직접 얻거나, 저장된 태양에너지를 함유하는 분자를 섭취함으로써 얻는다. 광합성을 하는 동안 태양광선으로부터 오는 에너지는 이산화탄소와 물을 탄소, 수소, 산소로 쪼개기 위해 사용된다. 그런 다음, 이 원자들은 새로운 결합으로 한데 모여 탄수화물, 단백질, 지방으로 알려진 고에너지 분자를 형성한다. 토요일 오후 3시 정각쯤에는 해양

원소들의 놀라운 이야기

박테리아에 의해 광합성이 일어났을 것이다. 오늘날에도 모든 녹색 식물, 나무, 청록 조류(시아노박테리아)에서 광합성이 여전히 일어나고 있다. 이들 유기체 안의 모든 물질은 적은 양의 태양에너지를 포함하고 있다.

이산화탄소와 물이 식물의 영양 물질로 변하는 과정에서 산소 원자의 과잉이 일어난다. 광합성 유기체는 두 개의 산소 원자가 결합된 형태인 산소 분자 형태로 방출한다. 산소 분자는 다른 화합물과 반응하는 경향이 있다. 이러한 경향을 우리에게 익숙한 형태로 소개하자면 바로 불이다. 불이 타오르는 것은 산소가 탄소 혹은 다른 연소성 물질과 반응하여 열의 형태로 에너지를 방출하는 현상이라 할 수 있다. 만약 주어진 시간 내에 산소 분자가 몇몇 원천에 의해 생성되지 않았다면, 우리는 지금처럼 해양이나 대기에서 산소 분자를 발견할 수 없었을 것이다. 지금은 우리가 살아가는 데 필요한 산소가 광합성을 통해 지속해서 만들어지고 있지만, 태초의 대기에는 산소 분자가 없었다. 따라서 최초의 유기체 중 그 어느 것도 생존하는 데 산소를 필요로 하지 않았다.

광합성이 시작되기 전에 해양은 많은 양의 용해된 철을 함유하고 있었는데, 이제는 그렇지 않다. 오늘날 물과 접촉한 철은 쉽게 분해되는 붉은색의 거친 표면을 매우 빠르게 드러낸다. 이 붉은 물질은 철과 산소가 화학적으로 결합한 것으로, 흔히 '녹rust'이라고 부른다. 지금처럼 공기와 물에 산소가 존재하는 한 보호받지 못하는 철은 항상 녹이 슬 수밖에 없다.

토요일 오후 3시에서 6시 45분 사이에 바다는 녹슬기 시작했다. 최초의 광합성에서 생산된 모든 산소가 철과 반응한 결과, 녹이 생겼고 이는 바닥으로 가라앉았다. 결국 이 녹은 줄무늬 모양을 띤 붉은색의 두꺼운 암석층이 되었다. 오늘날 우리는 이 붉은 암석을 파내 큰 화로에 넣고 철로부터 산소를 제거한다. 그리고 이렇게 얻은 철 금속을 사용하여 칼이나 열차의 선로를 제작한다.

해양에 함유된 철이 대부분 녹슬자, 산소 분자가 해양에 쌓이기 시작했다. 산소는 지구 최초의 생명체 대부분에게 치명적인 독으로 작용했다. 그렇게 광합성은 우리 행성이 겪은 가장 큰 대멸종 중 하나를 일으켰다. 그러나 섭취한 유기체 안에 저장되어 있는 태양에너지를 방출하기 위해 주변 산소를 사용하는 경우처럼, 산소를 유리하게 이용하는 일부 생명체들이 있었다. 그들은 그렇게 함으로써 광합성을 할 필요 없이 생명을 유지할 에너지를 얻었다.

무수한 생명체들이 산소의 독성으로 사라져 갈 때, 산소를 이용했던 유기체들은 엄청난 이득을 얻었다. 우리는 이 유기체들의 후손이다. 당신이 이 책을 읽기 위해서, 즉 눈을 움직이고 뇌에서 문자를 정보로 변환하기 위해 사용하는 에너지는 몸속 세포에서 산소와 탄수화물을 이산화탄소와 물로 바꾸는 화학 작용으로부터 생겨난다.

바닷물이 산소로 포화되면서 산소는 해양에서 대기 중으로 흐르기 시작했다. 이러한 변화가 이곳 지구상에 엄청난 대변동을 일으켰다. 우리 행성은 지속해서 우주 밖으로 열을 발산하고 있고, 표면온도는 이렇게 발산된 열이 대기 중 가스에 의해 얼마나 많이 갇히는지에 따라 크게 영향받고 있다. 이것이 이른바 온실효과greenhouse effect다. 초기의 대기에는 메탄methane의 양이 풍부했는데, 메탄은 발산되는 다량의 열을 흡수하여 지구 표면을 따뜻하게 유지한다. 대기 중의 산소 가스가 메탄을 분해하기 시작하면서 온실효과는 점점 약해졌고 행성 전체는 빙하기로 들어갔다. 토요일 저녁 9시 15분까지, 바다에서 나타났던 다양한 종류의 많은 생물이 추위 속에서 사라졌다.

대기 중 높은 곳에서는 산소 분자들이 태양에서 날아오는 가장 에너지가 풍부한 빛에 부딪히는 중이었다. 그 결과, 산소 분자를 이루는 두 개의 원자가 쪼개져 떨어졌다. 한 개의 산소 원자들은 지나가던 산소 분자들과 충돌하여 오존(세 개의 산소 원자로 이루어진 분자)을 형성했다. 오존층은 태양광선의 가장 에너지가 풍부한 부분을 가두는 덫으로서 효과적으로 작용하는데, 만약 이 광선이 지구 표면에 도달한다면 취약한 유기 분자들을 태워 버릴 수도 있다. 오늘날 우리는 오존층 덕분에 눈과 피부에 심각한 손상을 입지 않고 하늘 아래에서 돌아다닐 수 있다.

일단 오존층이 자리를 잡자, 유기체들은 물 표면 근처와 심지어 마른 땅 위에서조차 살아남을 수 있었다. 이 위치에서는 광합성에 이용할 훨씬 더 많은 태양 빛이 있었고, 그로 인해 유기물질과 산소 가스의 생산이 급격히 증가했다. 마른 땅 위에 나타난 최초의 생명체는, 불모의 평평한 땅을 뒤덮어 지구상 비옥한 토양층이 될 부분의 토대를 세운 박테리아와 조류algae 뭉치들이었다.

일요일: 살아 있는 지구

(우리의 기원인) 세포핵을 가진 유기체들이 일요일 새벽 3시 20분쯤에 생겨났다. 새벽 5시 정각까지 단세포 유기체들이 서로 밀접하게 협력한 결과, 그것들은 더 이상 고립된 개체가 아니라 우리가 아는, 다세포로 이루어진 생명체로 여겨질 정도였

원소들의 놀라운 이야기

다. 그러나 우리가 알고 있는 생명체가 되어 번성을 시작하기까지는 여전히 오랜 시간이 걸렸다. 오후 3시 15분에서 4시 15분 사이, 지구가 새로운 빙하기를 겪은 후 5시 25분이 되어서야 비로소 해양에서 복합적인 생태계를 형성하는 식물과 동물종들이 생기기 시작했다. 지질학자들은 이 시기에 석화된 해저를 연구해 보니 두족류cephalopod와 쥐며느리를 닮은 삼엽충trilobite 같은 다양한 종의 화석을 발견할 수 있었다.

일요일 저녁 6시 5분, 최초의 동물들이 해안가로 기어 나와 조류 물질과 돌로 비옥한 토양층으로 바꾸기 시작했다. 육상 식물이 최초로 뿌리를 얻게 된 장소가 탄생했다. 그때 시간은 저녁 6시 31분쯤이었다. 식물의 뿌리가 토양, 물, 나무 줄기를 꽉 붙잡고 바람에 의해 날아가 버리지 않게 막으면서, 건조한 땅은 평탄하고 불모인 상태에서 강, 계곡, 늪, 호수와 같이 더 다양한 상태로 변하였다.

지구상의 생명체는 화산 분출과 운석 충돌 같은 몇 가지 심한 타격으로 고통을 겪어야 했고 태양 활동의 변화는 온도와 해수면의 높이, 대기와 해양의 산소 농도에 주요한 변화를 일으켰다. 복잡한 생명체의 첫 번째 번성기 이후 나타난 종의 85퍼센트가 저녁 6시 36분까지 지구 전체의 빙하기 때 사라졌다. 그 후 생명체가 다시 나타났으나 저녁 7시 28분에 삼엽충

들이 해저의 산소 부족으로 질식사하여 그 당시 해양에서 발견되던 모든 종의 80퍼센트와 함께 사라졌다.

지금까지 있었던 것 중 가장 규모가 큰 대멸종은 일요일 저녁 8시 56분에 일어났다. 그때 시베리아에서 엄청난 화산 분출이 상당한 양의 이산화탄소를 대기 중으로 뿜어냈고, 이 때문에 (오늘날과 마찬가지로) 지구 기온 상승과 바다의 산성화가 일어났다. 멸종 직후에 생긴 화석은 육지에 숲이 없고 바다에 산호초도 없던 황량한 풍경을 남긴 재앙을 증명하고 있다.

그러나 몇 분 뒤, 숲과 바다가 다시 번성했고 점점 더 많은 종이 나타났다. 그날 저녁 9시 30분 전에 포유류와 공룡이 모두 모습을 드러냈다. 그러나 좋은 시간은 오래가지 않았고 9시 34분에 종말이 왔다. 그때 새로운 지구온난화가 적어도 지구상 모든 종의 4분의 3을 쓸어 버렸다. 포유류와 공룡은 그 과정을 견뎌 낸 종들에 속해 있었다. 공룡이 지구의 다음 지배자가 될 기회를 얻은 것은 아마도 그들의 경쟁자가 멸종했기 때문이었을 것이다. 허나 공룡 또한 밤 11시 12분쯤에 굴복해야 했다. 지구의 기후는 매우 오랜 시간 동안 상당히 가혹한 상태였기 때문에 거대한 운석이 오늘날 멕시코 지역을 강타했을 때 그것은 지구상의 많은 종에게 마지막 사망선고나 다름없었다.

원소들의 놀라운 이야기

공룡에게 잡아먹힐 위험이 사라지자, 포유류는 사방으로 퍼져 다양한 생태학적 지위를 이용할 수 있었다. 처음에는 기후가 오늘날보다 따뜻했다. 하지만 밤 11시 25분쯤에 기온이 떨어지기 시작했다. 18분 후, 지구의 초목이 무성한 어두운 정글의 많은 부분이 풀로 뒤덮인 평지로 바뀌었다. 자정에 가까워질수록 인간의 농경 활동을 위한 토대를 쌓을 수 있었던 것은 특히 풀의 덕이 컸다. 이 시점에서 우리는 인류의 시대에 접근하기 시작한다. 일부 포유류는 벌써 진화하여 이른바 유인원이 되었고, 밤 11시 45분에 (고릴라, 침팬지, 인간이 속한 분류인) 사람상과Hominoidea는 다른 유인원과 구분되었다.

자정이 되기 5분 전에 인간은 사람상과에서 분리되었고 지금의 인간이 되었다. 그때는 우리 조상들이 영양가 높은 골수를 얻기 위해 동물의 뼈를 깨뜨리는 데 최초의 석기를 사용한 지 겨우 2분이 지난 시점이었다.

자정이 되기 1분 20초 전에 지구는 상당히 추워졌고, 빙하기와 현시점에도 지속되고 있는 간빙기의 사이클 안으로 들어왔다. 그래서 초기 인류가 불을 사용하는 법을 배우는 것이 중요했다. 자정이 되기 13초 전쯤이 되어서야 비로소 모닥불이 일상에서 사용되었다.

불로 인해 인간은 따뜻하게 지낼 수 있었고, 포식자로부터 자신을 지킬 수 있었으며 해가 진 후에도 서로를 보고 주변을 볼 수 있게 되었다. 태양에너지를 듬뿍 받은 나무를 장작으로 사용하여 불 위에서 음식을 요리하게 되면서 자기 턱뼈와 소화기계통을 사용해 음식물을 분해할 때보다 더 쉽게 분해할 수 있었다. 이로써 사람은 다른 활동을 하는 데 사용할 시간과 에너지를 확보할 수 있었고, 생각하고 의사소통하는 능력을 발달시킬 수 있었을 것이다.

호모사피엔스Homo sapiens라는 우리 종들은 자정이 되기 9초 전에 아프리카 대륙에서 유래했다. 오랫동안 우리는 그저 몇 가지 인간종의 하나에 불과했다. 익히 들어 알고 있는 네안데르탈인Neanderthal은 호모사피엔스가 출현하기 전에 유럽과 중동지역에서 살고 있었다. 그들은 자정이 되기 1분 30초 전까지 우리 종과 나란히 살고 있었지만, 경쟁에서 지거나 우리 조상들에 의해 모두 죽임을 당했다. 호모사피엔스가 지구상 유일한 인간종이 된 것은 자정이 되기 마지막 30초 전부터였다.

자정이 되기 1초 전에 가까워짐에 따라 호모사피엔스는 언어를 만들었다. 언어로 서로 소통하면서 미래를 계획하며 다른 사람들과 무역할 수 있는 능력을 발달시켰다. 활과 화살, 바늘과 실, 낚시, 작은 배, 기름 램프 같은 새로운 기술의 도움으로 그들은 아프리카를 넘어 여행했고 세계의 나머지 부분을 장악했다.

　최초의 인간들은 유목 부족 속에서 살았다. 각 그룹의 구성원들은 야생에서 동물과 식용 식물을 수렵하고 채집할 뿐 아니라, 너무 어리거나 늙고 병들어서 지역공동체에 이바지할 수 없는 사람들을 돌보기 위해 함께 일했다. 우리의 위대한 발걸음으로 자정에 가까워짐에 따라 사회는 점점 현대인이 인식할 수 있는 형태로 변해 갔다.

자정 0.5초 전: 문명의 시대

1초도 안 되는 시간에 관하여 적절한 인상을 받기는 어렵다. 그래서 이번에는 그 비율을 조정해 보겠다. 우주 탄생의 역사에서 마지막 0.5초를 오늘날 결승선에 막 도착하려는 500미터 전력 질주처럼 생각해 보자. 이 경주에서 1미터는 1초의 1000분의 1과 같다. 즉 실제 시간으로는 23년과 같은 것이다. 만약 우리가 우주 탄생의 역사 전체에 걸쳐 이와 같은 비율을 적용한다면, 그 거리는 총 375,000마일(약 600,000킬로미터)이 넘을 것이다. 이 거리는 지구에서 달까지 그리고 다시 지구로 돌아오는 모든 거리를 더한 값에 해당한다. 우리의 500미터 전력 질주는 11,500년 전에 시작되었는데, 그때 인간은 처음으로 예전보다 긴 기간 동안 같은 장소에 머무르며 살기 시작했다.

인간이 유목민으로 살다가 한곳에 정착해 살기 시작하면서, 처음으로 다음 정착지로 이동할 때 옮길 수 있는 양보다 더 많은 양의 소유물이 생겼다. 그렇기에 각 용도에 맞게 가능한 한 효과적인 도구를 특화하여 개발하는 것이 중요해졌다. 사람들의 직업도 더욱 전문화되었다. 즉 모든 사람이 스스로 모든 것을 해야 했던 것 대신, 특정한 사람들이 자기가 가장 잘하는 일에 시간을 활용할 수 있게 된 것이다. 일부 사람이 옷이나 도구를 만드는 데 집중하는 반면 또 어떤 이들은 사냥하거나 식물을 채집하게 되었다. 전체적으로 볼 때, 이러한 방식은 집단에 유익했다.

농업은 한 장소에 정착한 인간들의 부산물로서 생겨났을 것이다. 식물을 채집하는 사람들은 자기들이 가장 좋아하는 식물을 가지고 집으로 돌아왔다. 채집과 요리에서 생기는 폐기물 중에는 이들 식물에서 나온 씨앗도 있었다. 씨앗은 정착지 근처의 좋은 환경을 이용하여 발아하기 시작했다. 이 때문에 거주민들이 식물들로부터 수확하기가 더 쉬워졌다. 인간은 대개 가장 큰 씨앗을 가진 표본들처럼 자신들에게 가장 알맞은 것을 수확했기 때문에 이러한 품종들은 점차 변하여 최초의 농작물이 되었다. 이윽고 인간은 밭을 갈고 물을 주면 정착

원소들의 놀라운 이야기

지 가까이 있는 농작물을 개량할 수 있다는 사실을 발견했다. 결승선에 이르기 350미터 전에, 인간은 농부가 되어 있었다.

농업은 사람들에게 안정적이고 예측할 수 있는 식량원을 제공했고, 이 때문에 인구가 증가할 수 있었다. 그러나 또한 몇 가지 단점도 존재했다. 농사는 어렵고 종종 지루한 일이어서 농부들은 그들의 조상이었던 유목민보다 더 적은 여가를 갖게 되었을 것이다. 그리고 식단 또한 획일적이고 단순해져서 영양실조에 빠졌을 것이다. 또 농사가 실패하면 기근에 허덕였을 것이다.

인간은 농사를 시작하기 전에 더 건강했고 아마 훨씬 더 행복하게 살았을 것으로 여겨진다. 그러나 우리가 문명이라고 부르는 것의 토대를 세울 수 있었던 이유는 궁극적으로 땅을 경작했기 때문이다. 식량의 재배와 저장은 사회에 특화된 계급제도와 조직을 필요로 했으며 이를 실현 가능하게 했다. 결승선에 이르기 200미터 전, 사람들은 최초의 왕국에서 조직화하여 살게 되었고 이미 문자, 돈, 종교를 발달시킨 상태였다. 또한 황소와 말 같은 가축을 길러 물리적인 힘의 새로운 원천을 소유하게 되었고, 이를 이용해 밭을 갈고 더 넓은 지역을 경작하여 훨씬 많은 사람을 부양할 수 있었다. 가축의 도움으로 훨씬 짧은 시간에 더 먼 거리를 여행할 수도 있었기 때문에 이

전보다 효율적으로 상품과 지식을 교역하게 되었다.

이 특화된 사회들에서 인간은 광산을 채굴하고 금속을 사용하기 위해 요구되는 진보된 기술을 발달시켰다. 사람들은 결승선에 도달하기 200미터 전 청동으로, 140미터 전쯤에는 철로 도구를 제작했으며, 예수 그리스도가 태어날 때쯤인 88미터 전에는 강철을 생산할 수 있게 되었다. 22미터 전, 인류는 과학혁명이라 불리는 시기를 겪었는데, 이때 자연의 법칙을 이해하는 새롭고 체계적인 방법들을 개발했다.

이 지점에 이르기까지, 모든 인간 활동은 이런저런 방식으로 날마다 지구에 도달하는 태양광선의 영향을 받았다. 식물 내부에 저장된 태양에너지는 태워져 열을 발생시키거나 동물과 인간에게 섭취되어 근력으로 사용됐다. 게다가 방앗간은 수력으로 움직여 태양이 해수면에서 더 높은 고도로 끌어올린 물이 가진 에너지를 동력화했다. 요트는 태양이 지구 위에서 빛날 때 생기는 온도 차로 인해 부는 바람에서 힘을 얻어 움직였다.

결승선 11미터 전, 인간은 수백만 년 동안 땅 아래에 저장되어 온 태양에너지인 화석연료를 활발히 사용하기 시작했다. 날마다의 태양 복사가 일차적으로 석탄에 의해서, 그다음은 석유와 가스에 의해 보완되면서 거의 어떤 유형의 산업이든

원소들의 놀라운 이야기

주변 지역의 황폐화로 인한 연료의 고갈 위험 없이 운영될 수 있었다. 산업혁명은 인류의 세상을 변화시켰다.

결승전 3미터 전, 항생제가 개발되면서 유아 사망이 더 이상 당연한 일이 아니며, 출산이 여성의 목숨을 위협하지 않는 사회를 이루고 질병을 치료할 수 있는 건강 관리 시스템이 생겨났다.

결승선 2미터 전, 인간은 우주로 나갔다.

그다음, 시계가 자정을 알렸고 다시 현재가 되었다. 우리는 우리 앞에 무수한 가능성이 놓인 세계에 살고 있다. 인간만의 독특한 능력으로 앞으로 마주칠 어떤 문제도 극복할 수 있을 것이다.

인간과 미래

인간이 처음으로 유목 생활에서 정착 생활로 변모했을 때, 지구상에서 우리의 수는 그리 많지 않았다. 겨우 200만 명 정도였을 것이다. 농경 사회로 변해 가는 동안 인구수는 1000만 명으로 증가했다. 그때부터 인구는 꾸준히 계속 증가했다. 사람들이 청동과 철을 사용하기 시작할 때쯤 인구는 10배 증가하여 1억 명이 되었다. 그때 이후로 지구의 인구는 몇 번에 걸쳐 두 배씩 증가했다. 예수 그리스도가 탄생하기 직전의 인구는 2억 명이었다. 13세기에 노르웨이에 통널 교회stave church(북유럽 기원의 중세 교회―옮긴이)가 세워지고 있었고 몽골이 동유럽으로 가는 길을 개척하고 있었을 때, 세계 인구는 4억 명이었다. 18세기 후반, 산업혁명의 영향으로 그 숫자는 8억 명에 달했다. 19세기 말에 다시 인구는 두 배로 증가하여 16억 명이 되었고, 1960년대에는 32억 명, 2005년에는 64억 명에 이르렀다. 만약 인구 증가 속도가 오늘날과 같이 유지된다면, 그다음으로 두 배 증가하여 128억 명이 되는 때는 2068년쯤일 것이다. 그러나 현재의 추세로 본다면 인구수가 110억 명에 도달하기 전에 안정화되거나 감소하기 시작할 것이다. 내가 이 글을 쓸 때 세계 인구는 77억 명을 넘어섰다.

1000년 후에 우리는 결승선을 지나 40미터를 더 가 있을 것이다. 이것은 인간 역사의 더 큰 줄거리에서 보자면 매우 짧지만, 미래 계획을 세우고 있는 이 시점에 대해 생각해 왔던 기간보다는 훨씬 길다. 지구의 인구가 증가함에 따라 우리는 더 많은 자원을 사용할 것이다. 우리는 필요한 것을 모두 만들고 우리 자신을 발전시키기에 충분한 원소들을 언제나 소유할 수 있을까? 지구의 지각에서 원소들을 추출하기 위해 요구되는 에너지를 갖게 될까? 1000년 후의 사람들은 우리가 지금까지

원소들의 놀라운 이야기

이뤄 온 것만큼이나 환상적인 발전을 되돌아볼 수 있을까?

금속을 추출하고 사용하는 인간의 능력은 지구상 모든 동물 가운데 유일한 것이다. 그리고 그 모든 것은 금으로 시작되었다. 우리는 금을 권력과 부, 대담한 시도와 연결 짓는다. 그리고 그러한 이야기들이 우리 문명의 가장 중요한 구성 요소들 중에 실제로 존재한다. 이제 거기서부터 시작해 보자.

2

반짝인다고 모두 금은 아니다

The Elements We Live By

Li 3 Lithium

Ca 20 Calcium

Cd 48 Cadmium

In 49 Indium

Si 14 Silicon

F 9 Fluorine

Ar 18 Argon

Al 13 Aluminium

Mg 12 Magnesium

Xe 54 Xenon

Tc 43 Technetium

I 53 Iodine

C 6 Carbon

Sr 38 Stronium

Cs 55 Caesium

Au 79 Gold

Sc 21 Scandium

Sn 50 Tin

Bi 83 Bismuth

He 2 Helium

Na 11 Soldium

Cl 17 Chorine

S 16 Sulfur

K 19 Potassium

Rh 45 Rhodium

Be 4 Beryllium

나는 10년 넘게 금반지를 끼고 있다. 그것을 보는 사람은 그것이 무엇을 의미하는지 알고 있다. 즉 결혼반지는 잘 알려진 대로 사랑과 서약의 상징이다.

내가 남편과 반지를 주고받기 몇 년 전에, 우리 두 사람은 기차를 타고 유럽을 여행하며 여름을 보냈다. 코펜하겐행 밤기차로 출발하여 독일, 체코, 슬로바키아, 헝가리를 지나 루마니아로 동쪽을 향해 여행했다. 우리는 이전에 드라큘라의 고향으로만 알고 있던 트란실바니아로 불리는 지역으로 나아갔다.

트란실바니아는 새로운 세계 같았다. 흡혈귀는 찾아볼 수 없었지만, 버스를 타고 가다 큰 낫을 들고 있는 공원 경비원들을 실제로 보았다. 도로 위에 말과 마차가 자동차만큼이나 흔

원소들의 놀라운 이야기

했다. 가난하고 황폐한 지역들이 과거에는 부유했음을 증명하는(나는 이 사실을 몰랐다) 색이 바랜 역사적 건물들과 함께 나란히 붙어 있었다.

내가 미리 그 지역에 대한 설명을 읽었더라면, 트란실바니아의 부는 금이 기반이었다는 사실을 알았을 것이다. 그리고 유럽에서 가장 많다고 알려진 금 매장량을 가진 장소를 방문할 수 있었을 것이다. 그곳은 로시아 몬타나Roşia Montană라는 도시인데, 지금은 채광 폐기물에 파묻힐 위험에 처해 있다. 땅으로부터 얻은 부는 결코 공짜가 아닌 셈이다.

지구의 지각이 우리에게 호의를 베푸는 방법

1200만 년 전, 오늘날의 트란실바니아 지역이던 곳은 활화산으로 가득했다. 뜨거운 용융 암석이 지각을 통해 위로 밀고 올라와 표면을 뚫고 나왔고, 화산재 구름을 만들고 용암을 분출시켰다. 표면 아래 깊숙한 곳에서, 암반은 마그마에 의해 데워졌고 결과적으로 돌 안의 결정체에 갇혀 있던 물이 새어 나오기 시작했다. 이 물은 모두 고체 바위를 뚫고 위쪽으로 스며 나왔다. 즉 마그마가 지각에 만든 갈라진 틈에 처음에는 작은 물방울 형태였고 곧이어 작고 느린 물의 흐름이 생겼다.

그러나 새어 나온 것은 물뿐만이 아니었다. 물이 뚫고 흐른 바위는 적은 양의 금도 함유하고 있었다. 대개 물은 금에 아무런 영향을 주지 않는다. 예를 들면, 침몰한 해적선의 금괴는 수백 년 동안 반짝이는 채로 유지될 수 있다. 그러나 물의 온도가 몇 백 도에 이르고 많은 양의 염소와 황을 포함하는 이러한 극한 환경에서는 그렇게 잘 버티는 금조차 굴복했다. 금 원자가 하나씩 황 원자에 들러붙더니 물과 함께 위로 운반되었다.

물이 위로 흐르면서 압력은 낮아졌다. 압력 취사 기구의 열린 밸브로 증기가 뿜어져 나오듯이, 물이 흐르는 길목 어딘가에서 압력이 매우 낮아졌고 물은 끓기 시작했다. 황 원자들이 금과 떨어진 후 수증기와 결합했다. 떨어진 금 원자들은 서로 빠르게 달라붙어 빛나는 금속층을 형성했다.

수십억 년이 흐르면서 커다란 금 퇴적물이 루마니아 화산들 아래에 형성되었다. 그러던 어느 날, 화산활동이 멈추었다. 지구의 지각은 냉각되었고 수백만 년 동안 바위의 표면은 날씨, 물, 바람에 의해 닳았다. 계곡과 언덕, 산이 형성되고 변화했다. 그런 다음 사람들이 왔다.

원소들의 놀라운 이야기

최초의 금

아마도 그 일은 1만 년 전에 일어났을 것이다. 한 여자아이가 따뜻하고 햇살 비치는 어느 날, 작은 강에서 놀고 있었다. 갑자기 소녀는 강바닥에 있는 특이한 돌 표면에서 햇빛이 반짝이는 것을 보았다. 그것을 들어 올렸는데 너무 무거워서 깜짝 놀랐다. 그 돌을 다른 돌에 대고 두들겼는데 놀랍게도 그 반짝이는 새 장난감에 자국이 생겼다. 이 돌은 소녀가 가지고 놀던 것과는 전혀 달랐다.

소녀가 발견한 돌을 본 다른 아이들도 금세 강바닥에 몇 개의 금덩어리가 더 있는 것을 발견했다. 어른들이 그 새로운 물질을 조사했고 그것을 망치로 두드리면 얇은 층 모양과 복잡한 형태로 만들 수 있음을 알게 됐다. 이웃들은 그 아름다운 물건들에 흥미를 보였다. 자신들이 가진 물건과 교환하고 싶어 했다. 점점 더 많은 사람이 금에 눈을 뜨면서, 강바닥 근처에서 금이 발견되는 더 많은 장소를 찾아냈다. 이런 식으로 금속은 인간 생활의 일부가 되었다.

강의 자갈 사이에 존재하는 금

언제 시작되었든지 간에, 과학자들은 금이야말로 인간에 의해 채굴되고 사용된 최초의 금속이라고 믿고 있다. 금은 희귀하지만 다른 금속들과 비교하면 찾아서 사용하기가 매우 쉽다. 주된 이유는 금이 금속 형태로 자연에서 발견되기 때문이다.

다른 모든 원소처럼, 금은 원자핵 속에 특정 개수의 양성자를 가지고 있다. 양성자는 원소와 핵 주변을 돌아다니는 전자의 관계를 통제하므로, 이 양성자 수는 원소의 행동 방식을 결정한다. 어떤 화학반응이든 원자들 간에는 전자 교환이 일어난다. 일부 원소들은 한 개 이상의 전자를 제거하는 데 필사적이지만, 어떤 원소들은 다른 원소들에서 빌려올 수 있는 여분의 전자를 계속 탐색한다. 그러나 금은 있는 그대로의 상태에 만족하기 때문에 다른 금 원자들과 함께 뭉쳐서 순수한 금속을 형성하기가 쉽다. 이는 또한 금이 화학반응에 거의 참여하지 않는다는 사실을 의미한다. 금은 우리 몸이라는 기계장치 입장에서는 그다지 흥미롭지 않다. 우리는 금으로 몸을 치장하지만, 우리의 몸속에서 발견되는 금은 실수로 거기에 있게 된 하찮은 입자들일 뿐이다.

금은 자연 상태에서는 금속 형태로 생겨나기 때문에 땅에서 혹은 종종 강바닥에서 단순히 주워 올리는 것이 가능하다.

원소들의 놀라운 이야기

금 광맥을 포함한 바위가 부서지면 금은 강바닥에 가라앉는다. 이런 식으로 금덩어리들은 다른 바위나 자갈과 함께 강바닥에 있게 된다. 그런데 사실 금 '덩어리'라고 말하는 것은 정확하지 않다. 정말 커다란 덩어리가 때때로 있기는 하지만, 강이나 산에 있는 대부분의 금은 다른 돌과 섞인 채로 작은 입자들로 존재한다. 금은 아주 무거워서 냄비와 적절한 기술을 사용하면 중력에 의해 그 알갱이들을 자갈의 잔여물에서 분리할 수 있다. 이것이 로시아 몬타나와 그리 멀지 않은 곳에서 최초의 대규모 금 추출이 시작된 방법일 것이다. 이렇게 자연이 로시아 몬타나의 퇴적물에서 꺼내 놓은 금은 우리 시대보다 5000년 앞선 시기에 조직화된 방식으로 추출되었다.

그리스 신화에 나오는 영웅 이아손Jason은 그의 아버지로부터 왕위를 넘겨받은 삼촌 펠리아스로부터 머나먼 땅에서 황금 양피Golden Fleece를 가져오도록 권유받았다. 만약 이아손이 그 보물을 가지고 돌아온다면 그는 왕위를 넘겨받을 수 있었다. 그는 흑해 옆 지역에 도달하여 황금 양피를 지키는 용을 물리치고 그것을 손에 넣었다. 이 이야기에서 양피가 상징하는 것에 대해 많은 해석이 있다. 왕권을 의미한다는 소리도 있고 양축산업의 도입을 의미한다는 소리도 있다. 그러나 최근에 과학자들은 그것이 문자 그대로 황금으로 된 양피를 의미할 수 있다고 생각하게 되었다. 3000년이 넘는 시간 전에 이집트와 흑해 주변 지역에서는 양피가 암석 가루에서 작은 금 입자들을 분리하는 데 사용되었다는 것이 밝혀졌다. 금 입자 표면은 돌 속에 있는 대부분의 다른 광물 표면과 달라서 양피에서 발견되는 방수 표면과 같은 특정 물질에 달라붙는다. 그러므로 물과 자갈의 혼합물을 양피 위로 흐르게 하면 금가루가 한데 모여 물의 흐름을 거스르는 양털에 달라붙게 된다. 이 방법은 오랜 세월 동안 사용되었지만, 로마제국의 몰락 후 잊혔다.

오늘날에는 강가 자갈에서 금을 발견할 수 있는 장소가 그리 많지 않다. 이미 대부분 돈을 벌려는 사람들이 쓸어가 버렸다. 이렇게 자연이 스스로 꺼내 놓은 금을 전부 찾아 버린 상태라면, 이제는 금이 나오는 '원천'으로 곧장 달려가야 할 것이다. 그것은 '금을 함유한 암석'이다.

로시아 몬타나의 광산

내가 지질학에 관해 배우기 전에, 금 채굴에 대한 나의 대부분 지식은 풍자만화에서 비롯되었다. 나는 만화를 보고 금이 순수한 금속의 광맥에서 떨어져 나온다고 생각했었다. 그러나 안타깝게도 그것은 사실이 아니었다. 금속을 추출할 만한 가

원소들의 놀라운 이야기

치가 있을 만큼 충분한 양이 돌에 함유되어 있을 때, 그것을 광석이라고 부른다. 금광석은 전체에 퍼져 있는 작은 금 알갱이와 함께, 흔히 많은 양의 하얗거나 투명한 석영quartz을 함유하고 있다. 바람과 날씨가 돌을 갈아 조각으로 만들지 않는다면, 금을 얻기 위해 광석을 깨뜨리는 일은 순전히 인간에게 달려 있다. 이것은 어려운 작업이다. 돌을 이루는 원자들은 믿을 수 없을 만큼 강한 결합력으로 서로 연결되어 있기 때문이다. 사람들이 철로 된 적절한 도구를 개발하고 나서야 단단한 바위에서 금을 추출할 수 있었다.

트란실바니아 최초의 금 광부들은 작업을 더 쉽게 만들기 위해 화력 채굴fire setting 방법을 사용했다. 이 기술에는 바위의 측면에 불을 붙여 뜨겁게 달아오를 때까지 태우는 과정이 포함된다. 돌은 가열되면 팽창하여 돌 속 광물이 서로 다른 방향으로 팽창한다. 이것이 돌 내부에 그물망 모양의 크고 작은 틈을 만들어 돌이 쉽게 부서지게 한다. 아마도 화력 채굴은 로마가 침입하기 전 트란실바니아에 살던 다키아인Dacian들에 의해 벌써 사용됐을 것이다. 이 방법은 또한 19세기 말까지 노르웨이의 광산에서 사용되었다. 그러나 화력 채굴은 유용한 기술이지만 몇 가지 결점이 있다. 모닥불 하나로는 겨우 바위 속 몇 인치만 영향을 줄 수 있다. 채굴을 위해서는 엄청난 양의 장작이 필요해서 그 지역 숲에 상당한 피해를 줬다. 또한 불을 피우면 공기가 나빠져 깊은 광산에서 일하는 노동자들은 숨쉬기가 힘들었다.

로마인들은 고대의 광산채굴 장인이었기 때문에 다키아인들은 트란실바니아의 광산 채굴을 증진하기 위해 로마 기술자들을 고용했다. 그러나 이 때문에 로마인들은 트란실바니아의 풍부한 금 매장량을 알게 되었고, 다키아인들은 광산 채굴에 더 큰 비용을 치러야 했다. 서기 106년에 로마인들은 다키아 왕국을 점령했다. 역사가들이 로마의 침입 전부터 이미 광산이 운영되고 있었다고 보는 여러 이유 중 하나는 로마인들이 다키아인들로부터 165톤에 달하는 상당한 양의 금을 이미 손에 넣었기 때문이다. 다키아인들이 단순히 강에서 패닝panning(모래나 흙을 선광 냄비로 일어 광물을 선별하는 방법—옮긴이)을 사용하여 이 모든 것을 추출했을 가능성은 적어 보인다. 로마인들은 침략 후 알부르누스 마이오르Alburnus Maior(나중에 로시아 몬타나로 불린다)라는 도시를 건설하여 그곳으로 수천 명의 기술자, 노예와 함께 최고의 금 채굴 전문가들을 보냈다. 단 50년 만에 그들은 로마제국에서 가장 큰 광산채굴 단지 중 하나를 건설했다.

알부르누스 마이오르에서 나온 금은 엄청난 부의 원천이

원소들의 놀라운 이야기

되었고, 제국의 거대한 확장에 자금이 되었다. 그러나 그것도 로마의 몰락을 막아 내기에는 충분치 않았고, 그들은 서기 271년에 그 지역을 떠났다. 그때까지 산에 수 마일 길이의 터널을 가까스로 뚫었는데, 그중 4마일(6킬로미터)은 오늘날에도 여전히 보존되어 있다. 그 후에도 로시아 몬타나의 채굴은 더 간단한 형태로 계속되기는 했지만, 로마제국의 몰락과 함께 그들의 고도로 발달된 채굴 기술도 많은 부분 사라졌다.

18세기 말이 되어서야 비로소 로시아 몬타나의 채광 기술 발전에 중대한 진전이 있었다. 오랜 세월에 걸쳐 트란실바니아를 지배해 온 합스부르크가는 산의 높은 곳에 건설한 인공 댐에서 수력을 얻어 가동되는 분쇄기를 개발했다. 이전에 광부들은 거의 수동으로 흐트러진 바위를 으깨 가루로 만들었으나 새로이 만들어진 몇 백 대의 분쇄기를 사용함으로써 로시아 몬타나의 금광은 다시 한번 막대한 부의 원천이 되었고, 그 때문에 도시는 번성할 수 있었다. 합스부르크 제국의 전역에서 광부들이 모여 들었고 교회, 술집, 은행, 도박장이 세워졌으며 그중 일부는 지금까지 남아 있다.

1867년 합스부르크 제국은 오스트리아-헝가리 제국Austro-Hungarian Empire이 되었지만 제1차 세계대전 후 붕괴했다. 트란실바니아는 루마니아Romania의 일부가 되었고 광산은 여러 개인에게 분배되었다. 1948년 공산정권이 집권하여 로시아 몬타나의 광산을 포함해 모든 산업을 국유화할 때까지 채굴 작업은 개인 소유 상태로서 계속 번창했다.

외견상의 광산업

천 년간 점차 강화됐던 광산업 이후, 로시아 몬타나의 땅속 바위에 가장 풍부하게 매장돼 있던 금은 거의 고갈되었다. 가장 접근이 쉬운 부분은 먼저 채굴된 상태였다. 로마의 갱도는 금이 가장 집중돼 있는 광맥을 따라 뚫려 있었다. 광산에서 운반된 돌에 함유된 금은 점차 적어졌고 석영은 더 많아졌다. 금을 캐는 데 드는 비용은 점점 더 많아졌다. 산이 거의 90마일(145킬로미터)에 달하는 통로들로 복잡해졌기 때문에 이곳에서의 광산업은 더 이상 수익을 내지 못했다. 그래서 1970년대에 공산주의자들은 지하 채굴을 노천(채석장) 채굴로 전환했다.

산기슭 아래나 그 안으로 터널을 파기보다는 흥미가 당기는 광석을 덮고 있는 모든 것을 제거해 버리는 노천 채굴 방식을 택한 것이다. 이 경우 거대한 구덩이 안으로 내려가 일할 수 있다. 더 우수하고 정확한 폭약은 물론이고 큰 중장비들을 개발하였기 때문에 이 방식이 많은 양의 매장물에 대해서는 경제적으로 실용적인 해결책이었다. 지하 광산에 비해 채석장에서는 더 많은 양의 암석을 운반해야 했다. 하지만 지속성, 환기, 배수를 걱정해야 하는 깊은 채굴용 수직 통로를 통해 밖으로 운반할 때보다 커다란 트럭에 싣는 쪽이 운반도 쉽고 비용도 적게 들었다.

오늘날의 채굴 작업은 몇 십 년 전과 비교할 때 환경에 미치는 영향을 줄이는 데 더 초점을 맞추고 있다. 요즘은 적절한 저장소로 운반될 필요가 있는 표층의 흙을 옮겨 채석장을 만든다. 그리고 일반적으로 채광 회사는 광석을 포함하고 있지 않은 암석 일부를 제거해야 한다. 이 또한 어딘가에 저장되는데 그 양이 상당해서 채석장의 한 부분에서 채굴 작업이 끝나고 공간이 생기면, 그곳은 돌과 흙으로 다시 채워진다. 시간이 흐르면 그 지형의 크게 갈라진 상처를 숨기기 위해 새로운 초목들이 최선을 다할 것이다.

독성을 띠는 기억

그러나 채석한 후에 남은 구덩이만이 채굴이 지형에 남기는 유일한 흔적은 아니다. 금은 여전히 부스러기 광물(나머지 광석 폐기물)에서 분리될 필요가 있다. 이를 위해 금광석은 가루로 만들어져 물과 섞여야 한다. 그러면 상당히 큰 규모이기는 하지만 선광 냄비와 양피 같은 예전의 방법이 사용된다. 우선 암석 가루와 물의 혼합물은 가장 무거운 금 입자를 잡아내기 위해 고안된 관chute 안으로 흘러 들어간다. 그다음 커다란 기계를 사용하여 비누 같은 첨가제를 뒤섞어 공기를 주입하면서 강하게 휘저으면, 혼합물이 거품을 일으킨다. 금가루가 양피에 들러붙는 것처럼, 이번에는 비누 거품에 붙는다. 이 가루를 물통의 표면에서 긁어 내면 불필요한 광물들은 물속에 남아 진흙 형태로서 바닥에 가라앉는다.

이 진흙은 아무 곳에도 쓰일 수 없으나 공간을 차지한다. 노르웨이나 다른 장소에서 이런 종류의 진흙은 피오르fjord(빙하의 침식으로 만들어진 좁고 긴 만—옮긴이)에서 물아래에 침전되어 있다. 종종 채광 회사는 계곡이 일종의 진흙 웅덩이로 사용될 수 있도록 하려고 계곡 입구에 댐을 세운다. 로시아 몬타나에서 그리 멀지 않은 곳에 자마나Geamana 마을이 있는데, 그곳에 사는 400가구는 주 정부가 마을이 있던 계곡을 로시아 포이에니Rosia Poieni 구리 광산을 위한 처분장으로 사용하도록 결정했을 때 강제로 마을을 떠나야 했다. 한때 비옥했던 이 계곡은 오늘날 녹홍색과 초록색의 외계 문양이 황폐해진 지역 전체에 걸쳐 조각조각 모인 형태로, 아무것도 자라지 않는 진흙 평원이 되었다. 마을이 존재한다는 유일한 표식은 평원의 진흙에서 튀어나와 있는 자마나 마을 교회의 지붕과 첨탑뿐이다.

돌 자체는 거의 독성이 없지만 많은 양의 부서진 돌은 여전히 심각한 환경문제들을 만들 수 있다. 바위는 대부분 물과 반응하는 무기물을 함유한다. 무기물은 매우 단단히 굳어져 있어 물이 스며드는 것이 불가능하므로, 손상되지 않은 암석 내부에서는 이들의 반응이 매우 느리게 일어난다. 그러나 돌이 가루가 되면, 물은 어디에나 도달할 수 있다. 빗물이나 지하수는 거의 불가피하게 광산 폐기물 더미를 통과해 새어 나올 것이다. 물이 이들 매립지에서 새어 나오면 돌가루와 반응하고 하류 생태계에 피해를 주는 중금속을 흡수하게 된다. 인간의 관점에서 보자면, 이 과정은 영원히 계속될 것이다. 역사상 첫 번째 광산들은 그 주변 생태계를 훼손하는 오염을 여전히 일으키고 있다.

돌에서 금속까지

진흙과 부스러기 광물에서 선별된 금덩어리와 가루는 여전히 금 세공품을 만들 만큼 깨끗하지는 않다. 금이 금괴로 만들어져 국제시장에 팔리려면, 우선 금을 함유한 돌가루로부터 분리되어야 한다. 과거에는 이를 위해 수은을 주로 사용했다. 수은은 실온에서 액체로 존재하며 금을 녹일 수 있는 독특한 능력을 가진 독성 금속이다. 수은과 금광석 가루가 섞이면 액체 금속의 표면에 모든 불순물이 모인 수은과 금의 혼합물이 형성된다. 이 불순물은 긁어낼 수 있다. 결국 수은이 증기가 되어 증발할 때까지 금속 혼합물을 가열하면 수은으로부터 금을 분리할 수 있다.

오늘날 광산 회사 대부분은 예전보다 안전하지만, 여전히 독성을 띤 시안화물cyanide을 사용하고 있다. 시안화물은 체리 씨앗처럼 자연의 많은 장소에서 발견되는, 탄소와 질소의 화합물이다. 적은 양에서는 빠르게 분해되어 해가 없는 다른 물질로 바뀔 수 있다. 아마도 우리 대부분은 시안화물을 제2차 세계대전 때 나치가 가스실에서 사용했던 청산가스의 성분이라고 알고 있을 것이다. 금광석 가루가 시안화물을 포함한 물과 섞이면 금이 액체상으로 녹는다. 그런 다음, 나머지 가루가 서로 뭉쳐 바닥으로 가라앉게 만드는 다른 화학물질이 첨가된다. 마침내 나머지 물이 미세한 아연 가루와 섞이는데, 이때 시안화물이 흡수된다. 그리고 금 원자들은 서로 달라붙어 금 입자가 된다.

시안화물은 또한 분류되지 않은 으깨진 금광석으로부터 직접 금을 추출하기 위해 사용되기도 한다. 돌을 가루로 만들기 위한 에너지 사용을 피할 수 있다는 것은 엄청난 이득이다. 그래서 이 방법은 낮은 농도로 존재하는 금을 추출하는 데도 유리하다. 금광석은 큰 언덕에서 가소성물질이나 점토의 빽빽한 층 꼭대기에 있다. 이 언덕의 꼭대기에 작은 구멍이 뚫린 파이프 망이 설치되어 있다. 그리고 언덕에 시안화물을 함유한 물을 대는 과정이 시작된다. 이 물이 언덕을 뚫고 새어 나와 여러 개의 못이 모인 곳으로 들어간다. 공중에서 보면 이들 못은 아름다운 청록색이지만 새들이 날아와 독성을 띤 물에서 죽는 것을 막기 위해 그곳들을 가로질러 뻗어 있는 망이 항상 존재한다.

2000년도에는 체르노빌 사건 이후로 유럽 최대의 환경 재앙으로 불리는 일이 루마니아를 강타했다. 헝가리 국경지대에 근접한 도시 바이아마레Baia Mare의 금 추출 프로젝트의 결과로 생긴, 시안화물을 함유한 물을 가두고 있던 댐이 무너진 것이다. 그 물은 솜Somes 강으로 들어왔다. 이 강은 헝가리에서 두 번째로 큰 티서Tisza 강으로 흘러들고 그런 다음 다뉴브 강으로 흘러든다. 이 사고로 수백만 명이 먹는 식수가 오염됐고, 이 강들의 특정 부분에 존재하는 거의 모든 생명체가 죽었다. 그러나 감사하게도 목숨을 잃은 사람은 거의 없거나 전혀 없었다.

공개수사 결과, 그 어떤 회사도 책임을 지지 않았다. 그런 상당한 규모의 사고와 오염의 실례가 있었음에도 시안화cyanidation는 여전히 금을 추출하는 상대적으로 안전한 방법으로 여겨지고 있으며, 현재에도 전 세계 500개 이상 되는 금광의 90퍼센트가 넘는 곳에서 사용되고 있다.

1톤의 돌에서 온 금반지

거의 1700톤에 달하는 금이 채굴되어 왔지만, 로시아 몬타나 아래 묻힌 암석에는 300톤이 넘는 금이 여전히 존재한다. 그러나 매장된 금의 총량만으로는 채굴할 가치가 있는지를 결정하기에는 충분치 않다. 금이 어느 정도 농도로 존재하는지도 똑같이 중요하다. 농도는 금을 얻기 위해 얼마나 많은 양의 암석을 파내고 과정을 거쳐야 하는지를 나타낸다. 광산 하나가 만들어지면, 광산 회사는 우선 광석이 가장 높은 농도의 금속을 함유하는 장소에서 추출 작업을 한다. 이곳에서 가장 많은 수익을 올릴 수 있기 때문이다. 그 후 이 과정은 더 이상 경제적 이익이 없을 때까지 점점 더 낮은 농도의 광석으로 옮겨 간다. 따라서 로시아 몬타나에서 추출될 그다음 100톤의 금은 최초의 100톤보다 더 큰 난제를 제공할 것이다.

원소들의 놀라운 이야기

내 결혼반지를 예로 들어보겠다. 그것은 매끄러운 2밀리미터 폭에 5그램의 무게를 가졌고 14캐럿carat 금으로 만들어졌다. 캐럿Karat은 오래전부터 내려온 금의 순도를 측정하는 단위로, 만약 반지를 이루는 모든 금속을 분리하여 24개의 덩어리로 나누었을 때 그중에 몇 개의 덩어리가 금덩어리인지 알려 주는 단위이다. 순수한 금은 기능성 귀금속으로 만들기에는 너무 유연하다. 그래서 결혼반지는 대부분 14캐럿(즉 58퍼센트) 금이다. 쉽게 말하자면, 나는 내 손가락에 약 3그램의 금과 2그램의 구리와 은을 끼운 채로 걸어 다니는 것이다.

오늘날 세계 여러 곳에서 채굴된 광석에 존재하는 금의 평균 농도는 암석 1톤당 1~3그램이다. 그래서 만약 내 반지 속의 금이 최근에 채굴된 것이라면, 그것은 1톤 이상의 암석에서 나온 것임을 의미한다. 이는 당신과 두 명의 친구가 함께 걸터앉을 수 있는 높이 1.5피트, 길이 4피트의 큰 바위와 동등하다. 내 반지를 만들기 위해서는 이 바위를 폭파해서 으깨고 가루로 만들어 처리 과정을 거친 뒤 금만 운반하고 남은 암석은 폐기물 구덩이 속으로 던져져야 했을 것이다. 다른 한편, 150년 전에는 광산의 금 농도가 0.75에서 1온스(20~30그램) 사이였을 것이므로, 같은 암석이 금반지 한 개가 아니라 10개를 만들기에 충분한 금을 함유하는 셈이었다.

금 1그램을 추출할 때마다 처리해야 하는 암석의 양이 많아질수록 광산에 요구되는 에너지, 화학물질, 공간도 점점 커진다. 모두 다 비용이다. 로시아 몬타나는 유럽에서 발견된 가장 큰 금광 중 하나임에도 불구하고 채굴을 시작한 로마 제국 시대에서 약 2000년이 지난 2006년에 채산성이 추락하면서 강제로 채굴이 중단되었다.

로시아 몬타나의 종말

오늘날 로시아 몬타나에서는 국제 광산 회사들과 국가 환경단체 간의 분쟁이 진행 중이다. 그러나 새로운 광산업이 수반하는 새로운 일자리와 활동을 원하는 거주민들과 현재의 자연경관에서 농업과 관광업에 계속 종사하기를 선호하는 사람들 사이에서도 충돌이 있다.

암석으로부터 나머지 금을 추출하기 위해 새로운 프로젝트를 통해 시안화물 추출법으로 공정이 이루어지는 네 개의 새로운 채석장을 열 계획이다. 이 제안에서 새로운 내용은 나머지 금을 얻기 얻기 위해 로시아 몬타나를 매장해야 한다는 것이다. 금을 기반으로 설립된 도시가 수 세기간 번영을 가져다준 금에 의해 결국 사라지게 되는 것이다. 어쩌면 아직 파괴되

원소들의 놀라운 이야기

지 않은 루마니아 내의 다른 광산 도시도 이렇게 사라질 수 있다. 지역의 반대자들은 로시아 몬타나를 유네스코 세계문화유산으로 등재하려고 활동 중이다(반대의 노력 끝에 2021년 로시아 몬타나는 세계문화유산에 등재되었다-편집자주).

만약 이 프로젝트가 승인된다면, 시안화물 추출에서 나오는 2억 5000만 톤의 폐기물은 계곡에 버려질 것이다. 네 개의 교회가 매장될 것이다. 또 공동묘지 여섯 곳이 사라질 것이다. 채굴회사들은 그곳들에 매장된 가족을 이장하기 원하는 사람들에게 보상하기 시작했다. 그 덕에 그들은 가족의 시신을 다른 곳에 묻을 수 있게 되었다.

오늘날 채굴회사들은 환경문제에 초점을 맞추고 있으며 예전의 채굴 과정에서 생겼던 오염을 제거하기 위해 상당한 자원을 쏟아부을 것이라고 주장하고 있다.

금과 문명

금은 중요한가? 이 모든 것을 파괴할 만한 가치가 있는가?

금은 지구 지각에서 발견되는 가장 적은 양의 원소들 중 하나이지만, 그래도 세계 대부분에서 추출 가능한 매장량이 발견되고 있다. 금은 그 빛깔과 무게 때문에 아주 쉽게 확인할 수 있으므로 금과 다른 물질을 바꿔치기해 속이기는 어렵다. 또한 금으로 만들어진 물건은 수 세기 동안 반짝일 수 있다. 이러한 특성들 때문에 금은 우수한 지불수단이자 부의 상징이 될 수 있었다. 금은 우리가 이미 알고 있듯이, 보편적으로 받아들여지는 통화로서 나라들 사이의 무역과 문명의 발전을 위해 중요한 역할을 하고 있다.

금의 형태로 자산 일부를 소유하는 것이 가장 안전하다는 사실은 정치 경제적으로 불안정한 나라들에서는 여전하다. 세례용 장신구와 은식기류의 전통이 그 아름다움 이상의 무언가에서 유래한다는 것을 깨닫게 된 것은 결혼선물이나 다른 특별한 경우에 금을 주는 것이 얼마나 중요한지를 내게 말해 줬던 중동의 여러 친구와 이것에 관해 이야기를 나눈 후였다. 금은 재정적 안정성을 제공한다.

세계를 뒤흔든 두 가지 주요 사건, 즉 영국이 투표를 통해 EU를 탈퇴하기로 했고, 도널드 트럼프 대통령이 미국 45대 대통령이 되는 것이 확실해졌을 때인 2016년에 금 가격이 상당히 올랐다. 그렇지만 그해 미국에서의 금 품목 생산량은 전년도와 비슷한 수준이었다. 금괴와 동전에 국한해서는 생산 비중이 더 커졌지만, 귀금속 종류는 높은 금값 때문에 더 적게 만들어지고 더 적게 팔렸다. 오늘날에도 새로운 것을 만드는 데 사용되는 금은 대부분 귀금속과 동전이 된다. 하지만 3분의 1 이상은 전자기기를 만드는 데 사용된다. 금은 훌륭한 전도체이고, 녹이 슬지 않으며, 대부분의 다른 금속과 함께 쓰여도 전도성을 방해하는 표면 코팅이 형성되지 않기 때문에 전기 회로판에도 사용된다. 금은 불빛이 표면에 반사되는 방식을 통제하기 위해 나노미터 단위의 얇은 유리 층에도 사용될 수 있다. 광통신 기술의 발전 덕분에 빛이 전기 대신 그 역할을 대신할 수 있게 되었다. 그 영향으로 일반 가정집에서 쓰던 구리 전선이 광섬유 네트워크로 전환되었다. 그 결과, 우리가 소유하고 있는 모든 휴대전화와 컴퓨터의 부품에 금이 들어가게 되었다.

잃어버린 금

금은 우리가 매우 소중하게 생각하기 때문에 아마도 세상에 존재하는 매장물 중 가장 좋은 평가를 받는 원소일 것이다. 오늘날 거대한 금 매장물이 미래에 새롭게 많이 발견될 것이라고 믿는 사람은 거의 없다. 지구 지각에 있는 매장물에서 추출될 수 있는 금의 총량은 약 333,000톤에 이를 것으로 추정된다. 이 중에서 우리는 벌써 187,000톤을 추출하여 귀금속과 동전, 그리고 다른 물건을 만들었다. 이 사실은 지구에 남아 있는 금이 146,000톤쯤 되며, 인류가 캘 수 있는 금이 이제 절반 정도만 남아있다는 것이다. 로시아 몬타나의 경우처럼, 금을 추출하는 일이 초창기보다 더 어려워지고 있다. 처음에 우리는 강에서 커다란 금덩어리를 취할 수 있었지만, 이후에는 번쩍이는 금광석을 잘게 부숴야 했다. 이제는 금을 얻기 위해 금을 함유한 암석에서 금을 추출하기 위해 더 높은 강도의 작업을 해야 한다.

은행 금고와 창고, 보석 상자에 들어 있는 모든 금에 관해 꼼꼼히 적힌 목록에 따르면, 이런저런 형태로 인간이 소유하고 있는 금의 총량은 181,000톤에 달한다. 이 양은 역사 전체에 걸쳐 추출되어 온 것보다 6000톤이나 적다. 그렇다면 나머지 금에 무슨 일이 생긴 걸까?

믿을 수 없겠지만, 몇 백 톤의 금이 해저에 가라앉은 배 안에 있을 것으로 추정된다. 게다가 약 1000톤의 금이 사망자의 금이빨과 보석류의 형태로 묘지 안에 매장되어 있다. 아마도 미래에는 묘지 도굴이 금을 얻기 위한 방법으로 부상할 지도 모른다.

몇 천 톤의 금이 버려진 전자기기와 기계의 형태로 폐기물 속에서 발견된다. 전자 부품은 다양한 다른 물질들과 섞여 있

원소들의 놀라운 이야기

다. 그래서 재활용이란 게 단순히 금을 모으거나 고쳐 쓰는 것 수준의 일이 아닌 것이다. 지질학적인 매장물에서 추출하는 비용이 증가하는 반면, 폐기물 속 금의 양이 증가함에 따라 이제는 인간과 도시 속에서 금을 채굴하는 일이 이루어져야 할 것이다. 오늘날에는 이러한 일을 도시 광산업urban mining이라고 부른다. 부스러기 광물에서 금을 분리해 내는 섬세한 기술이 시간이 흐르면서 발전해 온 방식과 마찬가지로 과학자들은 이제 휴대전화 속의 가소성물질과 다른 금속에서 금을 분리해 내는 데 가장 적합한 화학적, 기계적 공정을 개발하는 중이다.

2016년, 3100톤의 금이 전 세계 광산에서 추출되었다. 오늘날의 추출 속도대로라면 앞으로 50년 이내에 금은 고갈될 것이다. 앞으로 1000년 후에는 우리가 이용할 수 있는 모든 금의 출처가 단순한 돌과 암석에서 인간이 지구상에서 살아가기 위해 만든 모든 기술권technosphere으로 옮겨 가기를 기대해야 할 것이다.

해저에 있는 난파선과 묘지 속에 있는 금은 모아서 재사용할 수 있을 것이다. 그러나 인간에 의해 아예 사라져 버린 금도 있다. 그 양만 해도 1000톤에 달한다. 매끄러운 가구와 그림의 액자 같은 다양한 물건의 표면에 코팅된 채로 존재하다가 시간이 흐르면서 닳아 없어져 버린 것이다. 전자 폐기물이 적절치 않은 장소에 버려진다면, 그 속의 금도 이 범주에 들어갈 것이다. 이렇게 금이 사라져 버렸다. 먼지가 되어 버렸고 바람에 날리고 물에 씻겨 나갔다. 금은 해저에 도달하거나, 강에 실려 간 그 밖의 모든 것과 마찬가지로 침전물의 일부가 될 것이다. 그리고 수백만 년 후에 돌이 될 것이다. 그런 다음 다시 수백만 년이 지나고 화산활동으로 만들어진, 황을 함유한 뜨거운 물이 암석을 뚫고 퍼져 금을 녹이고 위쪽으로 운반할 것이다. 그 후 금이 암석의 틈새로 쌓이고 그 공간에서 길고 긴 시간을 머무르다 보면 금광석이 될 것이다.

원소들의 놀라운 이야기

| Li 3
Lithium | Ca 20
Calcium | Cd 48
Cadmium | In 49
Indium | Si 14
Silicon | F 9
Fluorine |

Ar 18 Argon					Al 13 Aluminium
Mg 12 Magnesium					Xe 54 Xenon
Tc 43 Technetium					I 53 Iodine

철기시대는
끝나지 않았다

The Elements We Live By

C 6 Carbon					Sr 38 Stronium
Cs 55 Caesium					Au 79 Gold
Sc 21 Scandium					Sn 50 Tin
Bi 83 Bismuth					He 2 Helium

| Na 11
Soldium | Cl 17
Chorine | S 16
Sulfur | K 19
Potassium | Rh 45
Rhodium | Be 4
Beryllium |

나는 조용히 누워 있지만, 침대는 흔들리고 있다. 내일은 산의 반대편에서 회의에 참석할 예정이다. 나보다 앞서 살았던 세대의 사람들처럼 오늘 밤 나는 기차의 흔들림 속에서 잠을 청할 것이다. 이렇듯 나는 기차로 여행할 때 어느 긴 이야기 속 일부가 된 것처럼 감상에 빠질 때가 있다.

철도는 우리에게 자동차와 비행기가 생기기 오래전부터 지형을 뚫고 도시들 사이로 사람들과 물건을 운송해 왔다. 이렇게 중요한 기차와 철로는 우리 문명의 가장 중요한 금속인 철로 만들어져 있다. 인간이 사용하기 시작한 금과 구리, 그리고 구리와 주석의 합금인 청동 같은 최초의 금속들은 대부분 너무 물러서 돌과 나무로 만들어진 도구를 대체할 수가 없었다.

원소들의 놀라운 이야기

반면 철의 사용은 전쟁과 농업 모두에 혁명을 일으켰다. 들판을 갈 때 나무로 만들어진 쟁기를 사용하는 것과 철로 만들어진 것을 사용하는 경우의 차이를 생각해 보라. 철기를 사용하면 더 쉽게 땅을 경작하고 도로를 건설하고 나무를 찍어 자를수 있다. 화살촉, 칼 같은 철제 무기를 가지면서 이웃보다 이금속의 사용법을 일찍 터득한 사람들에게는 엄청난 강점이 생겼다.

철 없이 숨 쉬어 봤자 헛수고다

그러나 철은 우리 사회에서만 중요한 역할을 하는 것이 아니다. 철은 우리 신체의 운반 체계에 있어서 중요한 부분을 구성하고 있다. 성인의 신체는 약 4그램의 철 원자를 함유하고 있다(중간 크기 못 수준의 질량이다). 우리는 생명 유지에 필요한 일을 수행하기 위해 몸속의 철을 사용한다.

나는 살기 위해 숨 쉴 필요가 있다. 내 신체의 모든 세포가 산소를 요구한다. 내가 숨을 쉴 때 허파가 산소를 받아들이지만, 그 산소를 세포로 운반할 방법이 필요하다. 바로 이 부분에서 철이 쓰인다. 자신의 전자를 붙들고 있는 것을 선호하는 금과 달리, 철은 무언가를 거저 주면 더 행복해하는 관대한 창조물이다. 반면 산소는 항상 다른 원소로부터 여분의 전자를 받아들이려고 한다. 이러한 철의 성질은 철과 산소 간의 긴밀한 우정을 형성하게 한다.

혈액이 허파에서 공기와 접촉할 때, 산소는 혈액 속 분자에 묶여 있는 철 원자에 들러붙을 기회를 얻는다. 이런 식으로 혈액은 산소를 신체 먼 곳으로 운반한다. 세포 속에는 철과 산소가 다시 떨어지게 만드는 분자들이 있다. 그래서 혼자가 된 철은 혈관을 타고 심장으로 들어가는데, 그곳에서 다시 허파로 주입되어 새로운 산소와 결합한다. 만일 혈액 속에 철이 없다면 우리가 아무리 호흡을 많이 해 봐야 소용없다. 내가 열심히 들이마셔 허파로 들어온 산소를 몸속에서 전혀 이용할 수가 없기 때문이다. 이것이 우리가 1파인트(0.47리터)의 피를 혈액은행에 기부한 후 몇 주 동안 철분제를 섭취해야 하는 이유다. 우리 몸은 스스로 새로운 혈액세포를 쉽게 만들어 낼 수 있지만 철은 만들 수가 없다.

일단 철이 산소에 전자를 전해 주면서 결합하게 되면 철과 산소를 다시 분리하는 데 많은 에너지가 필요하다. 인간은 이 결합을 끊고 철 원자에게 전자를 돌려주는 법을 배우기까지 오랜 시간이 걸렸다. 이 방법을 사용해야만 철 원자를 무기와 도구를 만드는 금속으로 바꿀 수 있다.

원소들의 놀라운 이야기

철기시대 속으로

3500년 전 이집트의 파라오 투탕카멘이 땅에 묻힐 때, 그의 석관 안에 철 단검dagger이 함께 들어갔다. 지구 전역에서 발견된 다른 고대 철제 물건뿐 아니라 이것도 오랜 시간 동안 커다란 불가사의로 남았다. 결국 이러한 철제 물건을 만들기 위해 필요한 철 금속을 생산하는 방법은 그로부터 약 1000년 후까지 발전되지 않았다.

이 불가사의에 대한 설명은 우리 행성을 뛰어넘는 곳에 놓여 있다. 투탕카멘의 단검에 쓰인 금속은 지구의 것이 아니다.

우주에는 니켈을 함유한 철로 만들어진 많은 양의 크고 작은 소행성들이 있다. 그것들은 물이나 산소에 전혀 노출되지 않는다. 즉 소행성 안의 철은 녹슬지 않으며 영원히 반짝이는 금속으로 남을 수 있다. 가끔 이들 소행성 일부는 망치질로 단검과 다른 물체가 될 수 있는 운석의 형태로 지구에 사는 우리 앞에 굴러떨어진다. 이것이 우리 인간이 사용한 최초의 철 금속이다.

자연의 철 원자가 다른 원소에 붙어 있지 않으면서 금속의 형태로 나타나는 장소는 지구상에 거의 없다. 이들 퇴적물 중 하나가 그린란드Greenland 어딘가에 있는데, 이곳에서 철을 함유하는 용암이 아주 오래전에 지구의 지각을 관통했다. 용융

된 암석이 위로 올라오면서 거의 탄소로만 이루어진 선사시대 식물의 잔여물인 석탄층을 빠져나갔다. 탄소의 유용한 특징 중 하나는 철보다 더 전자를 방출하고 싶어 한다는 것이다. 결과적으로 타는 듯이 뜨거운 마그마 속의 결합된 철과 산소 원자가 석탄 속의 탄소와 하면서 탄소는 어떻게든 철 원자가 여분의 전자를 떠맡도록 설득한다. 탄소와 산소는 이산화탄소의 형태로 대기 중으로 쏟아져 나왔고 철층은 남게 되어 인간이 사용할 수 있는 상태가 된다.

인간이 철기시대에 들어가기 위해 발견해야 했던 철 금속 생산 방법의 열쇠가 여기에 있다. 우리는 주변에 많은 양의 철을 가지고 있다(지구의 지각은 약 4퍼센트의 철을 함유하고 있다). 그러나 그 철의 대부분은 산소와 결합하고 있다. 이것을 금속으로 만들려면 산소와 철이 결합한 철광석을 석탄과 섞는다. 그리고 석탄에 불이 붙기 전까지 가열하면 철 금속으로 전환된다. 그런 다음, 불타는 석탄 속의 탄소가 철광석과 반응하여 전자를 방출하고 산소를 가져와 금속 형태의 철이 남는다.

인간이 철을 생산하기 시작하자 목재의 수요도 증가했다. 산소가 차단된 구덩이에서 목재가 가열되면 철 생산에 쓰일 수 있는 숯이 된다. 이 때문에 숲에 커다란 부담을 주는 삼림 벌채가 이 세상에 흔하고 비참한 파괴 중 하나가 되었다. 오늘

원소들의 놀라운 이야기

날 우리는 땅에서 채굴한 석탄을 사용하여 철을 생산하기 때문에 나무를 자를 필요가 없다. 어떤 면에서는 석탄광은 결국 석탄 채굴을 통해 전 세계에 위치한 많은 숲을 보존하는 데 상당한 역할을 하고 있다. 하지만 석탄을 태울 때 대기 중으로 방출되는 탄소가 우리 행성의 온도를 높이고 있다. 철이 1톤씩 생산될 때마다 약 0.5톤의 이산화탄소가 석탄의 탄소 그리고 철광석의 산소로부터 만들어진다. 결국 과거에는 벌목으로 생태계에 위협을 만들어 냈다면, 지금은 석탄으로 훨씬 더 큰 위협을 만든 셈이다.

스웨덴의 철

과거 숲이 우리에게 철 생산에 필요한 석탄을 제공해 주었다면, 철광석 그 자체는 훨씬 더 오래전에 살았던 유기체의 결과물이다. 오늘날 우리가 파내는 거의 모든 철광석은 광합성이 처음으로 시작되고 바다가 약 25억 년 전에 산화되었을 때 해저에 나타난 산화철의 적갈색 지층에서 유래한다. 현재 이 철광석들은 지표에서 수평층 형태로 발견된다. 따라서 철광석은 일반적으로 지상에 채석장을 만들어 채취한다. 철광석을 캐기 위해 윗부분의 흙과 돌은 파내서 치워 버린다. 그리고 지구상 인간이 만든 것 중 가장 큰 구조물중 하나라 할 수 있는 그릇 모양 구덩이의 채석장을 만들어 거대한 기계로 파헤친다.

철은 매우 흔한 원소이다. 앞서 말한 방법 말고 다른 방법으로 만들어지는 철광석 매장물도 있다. 그것 중 하나는 스웨덴 북쪽 끝의 키루나Kiruna 마을에 있다. 이 마을과 마을까지 이르는 철로 모두 북부 스웨덴 암석에서 철을 채굴하기 위해 세워졌다.

오래전부터 사람들은 키루나 지역에 철광석이 풍부하게 매장되어 있다는 사실을 알고 있었다. 그러나 북부 스웨덴에 위치한 이 지역은 1800년대 말까지 철저히 버려져 있었다. 철광석에 높은 농도로 인이 포함되어 있었기 때문이다. 세계 시장에서도 가치를 인정받지 못했다. 그러나 철광석에서 인을 제거하는 방법이 개발되면서 스웨덴산 철은 수요가 늘어나기 시작했다.

키루나의 매장지가 멀리 떨어져 있었다. 광석을 순록과 썰매로 핀란드와 스웨덴 사이에 있는 발트해의 보스니아만the Gulf of Bothnia 깊숙이 자리 잡은 룰레오Luleå 항구로 운송하는 데만 수일이 걸렸다. 겨울에는 종종 항구가 얼어붙은 탓에 육지 위에 광석을 쌓아 놓은 채 얼음이 녹아 유럽의 나머지 지역으로 운송할 수 있을 때를 기다려야 했다. 그래서 1898년 봄

원소들의 놀라운 이야기

에, 룰레오와 키루나를 연결하는 철도와 노르웨이의 나르비크 Narvik 항구에 키루나를 연결하는 철도를 각각 건설하기로 결의했다(나르비크는 룰레오에서 100마일(약 160킬로미터) 이상 떨어져 있다). 이 엄청난 투자로 철광석을 1년 내내 전 세계로 운반할 수 있게 되었다. 게다가 개발은 광산 채굴과 철도 건설, 그리고 그에 수반하는 무역, 주류 판매, 매춘업 말고도 전문적인 일을 통해 돈을 벌고 싶어 하는 수천 명의 스웨덴, 노르웨이, 핀란드 사람들을 끌어들였다. 다소 주목받지 못한 시작이었지만, 키루나는 빠르게 발전하여 학교와 병원, 소방서를 갖춘 품위 있는 도시로 성장하였다.

철도는 1902년에 완공되었고 이를 통해 키루나는 유럽 전체의 중요한 철광석 원산지로 자리 잡았다. 최대 고객 중 하나는 독일이었는데, 제2차 세계대전이 시작될 때 히틀러는 철광석을 확보하는 데 있어 전적으로 이곳에 의존하였다. 독일군의 탱크와 폭격기, 무기를 생산하는 데 사용했던 철의 절반 이상이 키루나산이었다. 이 공급망은 1940년 4월 9일 독일이 노르웨이와 덴마크를 점령했을 때 확보되었고, 키루나에서 독일로의 운송은 1944년 연합군에 의해 차단될 때까지 유지되었다.

키루나의 철은 때때로 지구의 지각을 관통한 용융 암석에서 기원한다. 마그마가 암석 내부에 만들어 낸 공간 속에서 천천히 식어가면서 형성된 철 광물의 결정체가 마그마방_{magma} chamber 바닥으로 가라앉는다. 이런 과정을 겪으며 철과 마그마 속 원소들이 분리된 것이다. 오늘날 우리가 발견한 마그마 방 중에 바닥이 암석 안에서 아래 방향으로 가파르게 경사져 있는 경우가 있다. 키루나가 그런 경우다. 이 때문에 키루나는 전 세계 얼마 안 되는 거대한 지하 광산 중 한 곳이 되었다. 키루나에서 사용하는 채굴법은 이렇다. 암석 내부 아래쪽 깊숙한 곳에서 광석층 속으로 커다란 터널을 뚫고 그 후 암석을 폭파한다. 그러면 암석이 동굴 천장에서 바닥으로 굴러떨어지는데, 이때 바위는 떨어지는 충격으로 분쇄된다. 그리고 트럭에 실어 표면으로 운송한 다음 철광석을 분류하여 광차에 실어 보낸다.

암석을 파내다가 깊은 곳으로 굴러떨어질 때가 있다. 결국 표면을 향하는 충격이 발생하고, 표면에는 점점 많은 균열이 생긴다. 오늘날 키루나 도시 아래에 균열이 퍼진 끝에 시내 지역의 지반은 벌집 모양의 암석처럼 되었다. 결국 도시는 균열로 인해 가라앉게 될 위기에 처했다. 이제 키루나는 더 이상 지금 위치에 존재하기 힘들어졌다. 현재 이 도시를 이전하는 프로젝트가 진행 중이다. 교회나 역사적 가치가 있는 도시 내의 건물들은 더 단단한 지면으로 옮길 것이다. 새로 지은 학교와 상점, 이주민을 위한 임시 거처들 사이로 말이다.

원소들의 놀라운 이야기

광석에서 금속으로

키루나에서 철광석을 실은 기차가 여전히 매일 하루에도 몇 번씩 나르비크에 도착하고, 그곳에서 광석이 배에 실려 전 세계의 제철소로 운반된다. 오늘날 중국이 세계 최대 철 금속 생산국이며 일본과 인도가 그 뒤를 잇는다.

제철소에서 광석은 거대한 용광로 속에서 석탄과 함께 가열된다. 석탄은 철로 전자를 방출하고 산소를 가져가 버린다. 용광로 온도가 올라가면서 최종 생산물에서 요구되지 않는 광물이 녹기 시작한다. 이 액체 덩어리를 슬래그slag라고 부른다. 이는 철광석에서 쏟아져 나오거나 긁어 벗겨 얻을 수 있다. 이 과정의 마지막에 광석은 석탄에서 온 많은 양의 탄소를 여전히 함유한 끈적거리는 해면 모양 선철pig iron 덩어리가 된다.

과거에 이것은 물건 제작에 사용된 종류의 철이었다. 선철은 망치로 두드려 대부분의 슬래그 잔여물을 제거했다. 그런 다음 대장장이는 그것이 시뻘겋게 달아오를 때까지 가열하여 망치와 모루anvil를 사용하여 무기와 도구를 제작했다. 스칸디나비아에서는 바이킹들이 근처 늪에서 추출한 철로 농장에 있는 특별히 제작된 용광로 속에서 선철 덩어리를 생산해 냈다. 대장장이는 최고의 생산품을 만들기 위해 온도와 공기 주입, 망치질의 조절법을 알아야 했다.

금속을 한 번 더 녹이면 품질이 훨씬 더 향상된다는 사실이 후에 밝혀졌다. 상당히 많은 양의 탄소와 다른 불순물을 함유한 철은 비교적 낮은 온도에서도 거푸집 안에 쏟아부어을 수 있는 액체 상태로 머무른다. 오늘날 이와 같은 형태로 만들어진 철 금속을 주철cast iron이라고 부른다. 우리는 기계 부품뿐만 아니라 부엌의 포트pot와 냄비에서도 주철이 쓰였음을 발견할 수 있다.

검은색 장식용 울타리와 샹들리에에서 볼 수 있는 연철wrought iron은 가능한 한 많은 양의 불순물을 금속에서 제거하여 슬래그로 보내는 데 도움을 주는 다른 물질들과 석회를 선철과 융합시켜 만든다. 철의 순도가 높아짐에 따라 녹는점이 상승한다. 철이 더 이상 용광로 안에서 액체로 머물 수 없을 때, 밖으로 꺼내어 망치로 두드려 특정 형태로 만든다. 1889년에 완공된 에펠탑도 연철로 만들어졌다.

몹시 탐나는 강철

가장 수요가 많은 철 금속의 형태는 그 자체의 이름으로 힘의 상징이 됐다. 그것은 '강철 병기arms of steel'나 '담력nerves of steel'과 같은 표현에 쓰이면서 상당히 인상적으로 들린다. 강철은

원소들의 놀라운 이야기

겨우 1퍼센트 정도의 매우 낮은 탄소 함량을 가진 철 금속이다. 강철 제품은 새로운 기술이 발달하여 그것을 대규모로 생산할 수 있게 되었을 때인 19세기 말까지는 믿을 수 없을 만큼 비쌌다. 그전에는 검이나 탄성 있는 강철 스프링 같은 가장 중요한 물건을 만들기 위해서만 확보되었다.

비록 강철 속 탄소 함량은 적지만 강철은 엄밀히 말하자면 철과 탄소의 합금이다. 합금은 두 가지 혹은 그 이상의 요소가 혼합되어 이루어진 금속이고, 합금을 이루고 있는 개개의 원소들과는 전혀 다른 성질을 가지고 있다. 합금은 설탕과 소금을 섞어 단맛과 짠맛 모두를 내는 무언가를 제조하는 것과는 다르다. 튼튼한 강철은 철과 탄소로 이루어져 있는데, 철은 순수한 형태에서는 부드럽고 휘어질 수 있다(그래서 도구를 제작하기에는 특히나 적합하지 않다). 그리고 탄소는 연필에서 발견되는, 부서지기 쉬운 흑연에서 볼 수 있다. 특별한 성질을 부여하기 위해 다른 원소가 강철에 더해질 수 있다. 적은 양의 바나듐vanadium과 몰리브덴molybdenum 같은 금속은 강철을 더 가볍고 강하게 만들고, 자동차 정비공장에서 볼 수 있는 렌치wrench나 다른 많은 도구에 쓰인다. 크롬chromium은 쉽게 녹슬지 않는 강철을 만든다. 저녁 식사를 할 때 사용하는 스테인리스강 날붙이에는 니켈nickel, 망간manganese이 함께 포함돼 있다.

특정 물질이 왜 그와 같은 양상을 띠는지를 이해하기 위해, 우리는 물질 속의 원자가 어떻게 배열되어 있는지를 알 필요가 있다. 만약 당신이 한 조각의 순수한 철 금속을 가져다 고배율 현미경으로 들여다본다면, 그 금속이 공간이 안 보일 정도로 빽빽하게 서로 연결된 많은 작은 결정체로 구성되어 있음을 알 수 있을 것이다. 안타깝게도 평범한 현미경으로는 개별 원자들을 볼 수 없다. 하지만 각각의 결정체 안에 철 원자들이 단정하게 늘어선 것을 볼 수는 있다.

만일 손으로 순수한 철 막대를 구부리려고 한다면 늘어선 원자들은 그다음 원자들을 쉽게 미끄러져 지나칠 수 있다. 그것에 힘주는 것을 멈추자마자 원자들은 새로운 위치에 정지하여 그곳에 남아 있게 된다. 그래서 당신이 철 막대를 놓아 준다 해도 강철 스프링처럼 원래의 모양으로 돌아가지 않을 것이다. 막대를 구부리기 위해 줄 필요가 있는 힘의 양은 결정체의 크기에 의해 결정된다. 결정체들이 서로 부딪히는 곳에서 늘어선 원자들은 다른 각도로 놓여 있게 되는데, 그것이 원자들의 미끄러지는 운동을 방해한다. 이 때문에 작은 결정체를 가진 막대보다 큰 결정체를 가진 철 막대를 구부리기가 더 쉽다.

용광로에서 생산되는 액체 금속에서 탄소와 철 원자들은 서로 잘 섞인다. 이 녹은 것이 냉각되면 순수한 철 결정체들이

원소들의 놀라운 이야기

형성되기 시작한다. 철은 액체 금속으로부터 분리되지만, 탄소는 분리되지 않아서, 남아 있는 용융 금속 안의 탄소 비율은 증가하게 된다. 이 과정은 용광로 내부의 온도가 매우 낮아져서 철과 탄소의 남아 있는 혼합물이 액체 상태로 남아 있을 수조차 없을 때까지 계속된다. 그런 다음 탄화철iron carbide이라는 새로운 물질이 형성되는데, 이것의 4분의 1은 탄소 원자들이고 4분의 3은 철 원자들로 구성되어 있다. 철 결정체들 사이의 틈은 탄화철과 순철pure iron로 이루어진 여러 층으로 채워져 있다. 최종 단계의 고체 금속은 탄성을 가진 순철 결정체들의 혼합물과 층으로 놓인 단단한 탄소 함유 물질로 이루어져 있다. 단단함과 탄성의 결합으로 강철은 매우 유용해진다. 탄성 덕분에 과부하가 걸린 강철 다리는 예고 없이 무너지는 일이 없고, 그 대신 약간 구부러질 뿐 이후에도 여전히 강하게 유지될 것이다. 오늘날 강철의 가장 중요한 용도 중 하나는 콘크리트 구조물 속에서 보강재로 쓰이는 것이다. 콘크리트는 엄청난 양의 하중을 견딜 수 있으나 구부러지거나 과도하게 신장되면 쉽게 금이 간다. 그런데 콘크리트가 강철로 보강되면 내부의 강철 막대가 구조물을 구부러트리거나 신장시키는 힘을 견딜 수 있다. 그리고 이때 콘크리트는 강철 막대를 구부러트려 못 쓰게 만드는 무거운 하중을 견디게 된다.

녹의 문제점

강철은 우리가 겪는 많은 문제점을 한 번만이 아니라 늘 해결해 준다. 철을 사용한다는 것은 곧 자연의 힘에 대항하는 끝없는 투쟁을 의미한다. 우리는 철광석으로부터 철 금속을 만들 때 엄청난 양의 에너지를 사용하여 철 원자가 싫어하는 상태로 만들어 버린다.

우리는 모두 자동차 앞쪽 보닛과 자전거 프레임의 번쩍이는 금속이 어느 정도 시간이 지나면 다공성의 붉은 물질로 더럽혀지는 현상을 본 적이 있다. 이것은 철 원자가 다시 산소 쪽으로 전자를 되돌려준 결과인 '녹'이다. 그리고 안타깝게도 녹은 이곳 지구 표면에서 철이 가장 선호하는 형태다. 그러므로 인간은 녹과 부식을 막거나 부식을 피할 수 없을 때 일어나는 손상을 복구하기 위해 많은 돈과 에너지를 소비한다.

철과 산소가 서로 간에 기꺼이 전자를 교환할지라도 이 반응이 일어나려면 물이 필요하다. 가장 간단하게 녹에 대항하는 방법은 철의 표면이 물과 접촉하지 않게 막는 것이다. 에펠탑은 연철로 만들어졌는데 겉에 페인트칠이 되어 있어서 모든 표면이 7년에 한 번씩 새롭게 코팅된다. 이 때문에 100년도 더 되는 시간 전에 지어졌지만, 에펠탑은 지금도 보기 좋은 모습으로 유지되고 있다.

원소들의 놀라운 이야기

페인트칠은 쉬운 해결책이지만 항상 실용적이지는 않다. 아무도 저녁 식사 때 사용하는 날붙이에 페인트가 칠해지는 것을 원하지 않는다. 페인트가 벗겨져 음식과 섞일 수 있기 때문이다. 그래서 그 대신에 철과 크롬의 합금인 스테인리스강을 사용하는데, 이 경우 강철과 공기 중 산소 사이에 반응이 일어나 금속 표면에 불투과성의 조밀한 물질 막이 형성된다. 이 막은 산소가 철과 더 이상 반응하지 못하게 막는다. 보통의 강철 또한 표면에 녹이 스는데, 이 경우 녹이 큰 조각으로 쉽게 떨어지는 다공성 층을 형성하기 때문에 이 반응이 안쪽으로 진행되는 것을 막을 수 없다.

스테인리스강을 생산하는 것이 일반 강철보다 훨씬 비싸므로 선박이나 교량, 석유 굴착 장치를 제작하는 데는 스테인리스강을 사용하지 않는다. 완전히 혹은 부분적으로 물에 잠겨 있는 금속 구조물은 페인트가 매우 빨리 닳아서 없어지므로 페인트의 도움을 받는 것이 불가능하다. 그래서 선박 같은 경우 아연이나 마그네슘 조각이 강철 외피에 덧입혀지기도 하는데 이 경우 이 금속들이 철 대신 녹이 슬게 된다. 그러한 금속 조각을 희생 양극sacrificial anode이라고 부른다. 이들 조각이 철보다 더 적극적으로 전자를 방출하는 금속으로 이루어지는 한 이 방식은 효과가 있다.

때때로 사물이 녹스는 현상을 그냥 받아들이는 게 가장 손쉬운 방법인 경우도 있다. 페인트칠을 할 수 없는 강철 기둥은 그 표면이 녹슬어 버린다 해도 약해지지 않도록 더 두껍게 만들어져야 한다. 평균적으로 강철 4밀리미터가 습한 토양 속에서 녹이 슬어 사라지는 데는 100년이 넘는 시간이 걸린다. 그리고 바닷물 속이나 그 물보라에 노출된 지역에서는 100년이면 30밀리미터가 녹슬어 사라진다.

우리의 사회기반시설은 손실을 염두에 두고 건설되었다. 녹슨 철은 비에 씻겨 내려간다. 페인트는 닳아져 없어지고 씻겨 내려가고 바람에 날아간다. 아연, 알루미늄, 마그네슘 같은 희생 양극은 용해되어 바닷속으로 사라진다. 또한 철은 닳아 없어지기도 한다. 무딘 칼날은 날카로워져야 한다. 이때 금속의 얇은 층이 제거된다. 자전거 사슬 톱니바퀴의 날카로운 이도 사용되면서 모서리가 둥글어지는데 이 속에 함유된 물질은 가루가 되어 길가에 쌓이고 시간이 흐르면서 강으로 씻겨 나가 결국 바다에 이른다.

여전히 강철로 된 물건은 수명이 길도록 제작되어 오래 지속된다. 스테인리스강 날붙이는 적어도 100년 동안 유지될 수 있고, 교량과 철도 선로, 고층 건물은 중대한 구조적 정비를 받기까지 50~150년의 기간이 걸린다. 그러므로 우리 사회에는

원소들의 놀라운 이야기

새로운 구조물에 재활용되고 다시 쓰일 수 있는, 점점 증가하는 많은 양의 철이 존재하게 된다.

우리가 가진 철이 고갈될 수 있을까?

철은 세상에서 가장 저렴하고 가장 흔히 사용되는 금속이다. 2016년에 전 세계적으로 16억 4000톤의 강철이 생산되었다. 이는 두 번째로 가장 많이 생산된 알루미늄보다 22배 많은 수치다. 지난 170년의 세월 동안, 철 생산은 해마다 5~10퍼센트씩 증가했다. 우리는 건물과 교량, 철도의 선로, 선박, 기차, 버스, 자동차, 고압선 철탑, 수력발전소를 짓기 위해 철과 강철을 사용한다. 철은 사회기반시설의 가장 중요한 부분들에 가장 중요한 요소다. 우리는 모두 철기시대의 인간들이다.

철이 고갈되는 경우를 상상할 수 있을까? 만약 그렇다면 그 결과는 거의 재앙 수준일 것이다. 물론 어떤 경우에는 철을 다른 물질로 대체할 수 있을 것이다. 종종 다른 금속들이 철보다 정말 효과가 더 좋을 수 있다. 예를 들면, 알루미늄처럼 더 가벼운 것을 원하거나, 구리처럼 전기를 더 잘 전달하는 것, 또는 티타늄처럼 녹슬 염려 없이 인간 신체 내부에 삽입할 수 있는 물질의 경우가 그렇다. 또 다른 경우에는 철을 비금속 물질로 대체할 수 있다. 교량은 강철 대신 나무로 지을 수 있고, 작은 배는 유리섬유나 플라스틱으로 만들 수 있다. 칼은 세라믹 물질로 만들 수 있다. 하지만 그 밖의 모든 것을 이용해서 많은 물건을 만들 수 있다 해도 동시에 우리의 오늘날 사회를 유지하면서 모든 철을 다른 물질로 대체할 수는 없다.

앞으로 얼마나 많은 다른 원소들이 추출될지는 확실히 말하기 어렵다. 이에 관해 우리가 가지고 있는 가장 신뢰성 높은 수치는 비축량reserves이다. 이는 광산으로부터 추출할 수 있는 것에 대한 채광 회사들의 공개 견적에 기초한다.

때때로 뉴스에서는 어떤 원소가 5년 후 고갈된다거나 또 다른 원소가 20년 후 고갈된다고 보도할지도 모른다. 우리는 특정 원소의 문서로 기록된 비축량을 모두 더한 값을 현재의 속도로 해마다 추출되는 양으로 나누어 이들 수치를 얻는다. 그 결과로 얻은 연수를 통해 특정 원소의 비축량을 다 사용할 때까지 얼마나 오랜 시간이 걸릴지 알 수 있다. 발표된 철 비축량은 현재 830억 톤이며, 해마다 15억 톤씩 추출되고 있다. 다시 말해, 오늘날 이런 속도로 추출을 계속한다면 28년 안에 비축량을 모두 사용하게 된다. 그리고 만약 생산량을 계속 증가시킨다면 철은 훨씬 더 이른 시점에 고갈될 것이다.

만약 이것이 실제로 사실이라면, 우리는 꽤 나쁜 상황에 있

원소들의 놀라운 이야기

는 것이다. 하지만 운 좋게도 이는 사실이 아니다. 사실 철 비축량의 수명은 오랫동안 상당히 일정하게 유지됐었다. 50년 전에 몇 십 년 더 남은 비축량을 가지고 있었고 다른 금속에 대해서도 마찬가지였다. 1980년에서 2011년 사이, 구리와 니켈의 생산량이 두 배로 뛰었는데도 구리는 30년, 니켈은 60년간 사용할 수 있는 비축량이 있었다.

이유는 꽤 간단하다. 즉 비축량의 수치는 광산 회사들이 특정 지역에서 추출할 수 있는 양을 정확히 알고 있음을 의미하기 때문이다. 현재의 비축량은 우리가 아직 발견하지 못한 매장량에 대해서는 아무것도 말해 주지 못한다. 비축량은 광산 회사의 평가 영역이기 때문에 그들은 지질학적 탐색과 시추, 승인, 매장량이 비축량으로 분류되도록 하기 위한 증명서 교부라는 값비싼 과정을 거쳐야 한다. 광산 회사가 채굴을 시작하거나 지속하는 데 요구되는 투자를 확보할 만큼의 비축량을 문서로 남기는 일은 중요하다. 그러나 그 이상의 것은 실제로 전혀 필요하지 않다. 그래서 비록 그 존재가 명확하다 할지라도, 미래의 사용에 대한 수 세기 동안의 비축량을 문서에 기록한다는 것은 말이 되지 않는다.

만일 기술적 발전이 한 가지 원소에 관한 새롭고 더 큰 응용 분야를 생성하거나, 전쟁이 주요 생산국 중 한 곳에 발생한다면, 생산에 영향을 미치면서 비축량은 작아질 수 있고, 기존에 평가한 기대 수명은 줄어든다. 결국 그 원소는 희귀해지고 가격이 오른다. 광산 회사들은 가격이 더 오를 것이라고 내다보고 새로운 비축량을 발견하고 분류하는 데 더 많은 자원을 사용할 것이다. 그러므로 공급이 잠재적으로 중단되면 새로운 매장지가 발견되고 비축량은 증가할 것이다.

가격이 오를 때, 이미 알려진 매장량은 비축량의 범주로 옮겨질 수 있다. 이는 비축량만이 재정적인 이득을 위해 추출될 수 있는 매장량을 나타내기 때문이다. 가격이 더 높아지면 광산 회사들은 더 깊게 땅을 파고, 더 많은 돌을 부수며, 더 비싸고 섬세한 분류 방법을 사용할 여력이 생긴다.

기술적 발전이 새로운 비축량을 만들어 낼 수도 있다. 키루나산 철광석은 높은 인phosphorus 함량 때문에 오랫동안 쓸모없는 것으로 여겨졌다. 그러나 선철에서 인을 제거하는 새로운 방법이 등장하면서 키루나는 황무지에서 유럽 정치의 중요한 지위를 띠는 곳으로 바뀌었다. 앞으로 채굴 작업에 로봇이 투입되면 더 깊게 땅을 파고 더 효율적으로 분류할 수 있게 될 것이고 이는 비축량을 앞으로 계속 증가시키는 한 가지 방법이 될 것이다.

비축량을 늘려야 할 필요가 있을 때 그렇게 할 수 있는 것

원소들의 놀라운 이야기

은 비축량이 가진 특성 때문이다. 누군가는 이 특성을 이용하여 우리가 결코 자원의 부족을 겪지 않을 것이라고 주장한다. 우리는 항상 더 많은 양을 발견할 수 있고 더 많이 추출하는 방법을 개발할 수 있기 때문이다. 그러나 이것은 사실과 다르다. '비축량'이라고 불리는 작은 상자 안으로 들어간 모든 것은 '알려진 자원'이라고 불리는 상자 안에 존재한다. 이 상자에는 우리가 이미 알고 있지만 비축량으로 분류할 수 없는 매장량이 포함된다. 오늘날에는 더 이상 수요가 없거나, 전쟁 탓에 얻을 수 없거나, 환경적 문제의 여지가 있다거나, 지질학적 문제로 채굴할 수 없는 등 채산성이 없는 매장량 전부를 포함한 것이다.

여기에는 우리에게 알려지지 않은 자원, 즉 지구상에 아직 남아 있음에도 우리가 직접 발견하지 못한 모든 것도 포함된다.

우리가 새로운 매장지를 발견할 때마다 그것은 '알려지지' 않은 상자에서 '알려진' 상자로 이동한다. 그런 다음 그것은 비축량 상자 안으로 들어갈 수 있다. 비축량이 늘어날 때마다 자원은 그와 상응하여 줄어든다. 그것들은 알려지지 않았지만 무한하지는 않다. 그렇게 자원의 상자가 텅 비었을 때는 추출할 것이 전혀 남아 있지 않을 것이다.

철의 전체 자원의 양을 평가하려는 사람들은 결국 2300억

~3600억 톤 사이의 어딘가에 도달할 것이다. 그 중에 300억 ~700억 톤 사이의 철은 이미 추출되어 우리 사회 어딘가에 있거나 녹슬어 닳아져 사라졌다.

우리는 3000년이 넘는 시간 동안 철을 이용해 오고 있지만, 아마도 이용할 수 있는 철 총량 중 10분의 1만 추출한 상태일 것이다. 그러나 이것이 우리가 앞으로 1만 년 이상 철을 계속 이용할 수 있다는 소리는 아니다. 우리가 채굴한 철은 대부분 지난 세기에 생산되었다. 오늘날 철 생산량과 총자원량 사이의 비율에서 앞으로 약 250년 이상 철 생산이 가능함을 알 수 있다.

알려지지 않은 자원의 수치는 그리 확실하지 않다. 허나 알려진 것보다 실제로는 네 배가량 규모가 더 클 것이므로 추정되니 앞으로 1000년 이상 사용할 수 있는 충분한 양의 철이 있다고 추정할 수 있다. 어쩌면 철 매장량이 열 배 이상 더 클 수도 있다. 그렇다면 1000년 후에도 우리의 철기시대는 끝나지 않을 것이고 아마도 전체 철기시대의 중간 지점 정도에 도달하게 될 것이다. 문제는 철 자원이 부족하여 희소해지는 시점은 지각이 텅 빌 때가 아니라 우리 사회가 그것을 더 이상 추출할 여력이 없어지는 순간부터라는 점이다.

　　　　　　　　　　　원소들의 놀라운 이야기

철기시대에서 벗어난다고?

우리는 얼마나 오랫동안 철을 다룰 수 있게 될까? 이것은 어렵고도 중요한 질문이다. 지구상의 인구수가 계속 증가한다면, 철 소비 또한 분명히 증가할 것이다. 더 많은 사람이 더 많은 돈을 벌면 수요도 증가할 것이다. 인구가 감소하고 고난의 시간이 닥친다면 수요는 감소할 것이다. 새로운 기술이 나타나면 새로운 시장을 만들어 내거나 과거에 주요 시장이었던 것들을 없애 버리게 되어, 그에 따라 수요는 증가하거나 감소할 것이다.

알려진 자원과 알려지지 않은 자원 전체 중에서 일부 매장량만이 좋은 품질을 가지고 있다. 일부만이 철 농도가 높다. 우리에게 필요한 철을 얻기 위해 많은 양의 돌을 폭파하고 운반하고 분쇄하고 분류하고 저장하는 노력이 덜 필요한 게 일부밖에 안 된다는 것을 의미한다. 가장 좋은 수준을 지닌 철 매장물이 다 사용되면 우리는 어쩔 수 없이 더 낮은 농도의 철을 가진 매장물을 사용해야만 할 것이다. 결국 지구에 저장된 자원에서 철 1톤을 추출할 때마다 더 많은 돈과 에너지를 소비해야 한다. 그러면 철은 점점 더 비싸질 것이고 우리 중 누군가는 철로 만들어진 도구를 사기가 더 어려워질 수 있다. 게다가 우리가 의존하는 사회기반시설을 세우고 유지하는 데 점점 더 많은 돈이 들 것이다.

　최근 과학자들은 우리가 다음 400년에 걸쳐 철의 추출과 사용에 대하여 어떠한 발전을 기대할 수 있는가에 대한 더 많은 정보를 모으기 위해 전체적인 맥락 속에서 이 모든 메커니즘을 바라보고 있다. 그들은 철 자원이 총 3400억 톤이며 세계 인구가 2400년까지 가파르게 감소할 것이라고 가정했다(이것은 인을 포함한 다른 원소들에 대한 전망과 연결되어 있다. 나중에 다시 다룰 것이다). 과학자들의 연구 결과에 따르면 광산에서의 철 추출은 점차 더 비싸지고 에너지 집약적으로 변하여 21세기 중반까지 계속 증가할 것이다. 철광석의 가격이 증가하면 고철 가격에도 영향을 줄 것이다. 이는 더 많은 철이 재생된다는 뜻이다. 어쩌면 21세기 말까지 시장에 나오는 철은 대부분 고철에서 생산될 것이다. 현재 시장에 유통되는 철의 3분의 1 이하가 그러하다. 23세기로 들어서면 광산채굴은 사실상 중단될 것이다. 동시에 부식과 마모 때문에 이전처럼 철의 손실은 계속될 것이다. 철이 희소해지기 전에 이미 스테인리스강에 들어가는 비금속인 크롬, 마그네슘, 니켈이 부족해질 것이므로 스테인리스강을 더 많이 생산한다고 해서 이러한 철의 손실을 줄일 수는 없다. 인간에 의해 사용되고 소유되는 철의 양은 현재 약 500억 톤에서 2100년대 중반까지 거의 1600억 톤으로

　　　　　　　　　　　원소들의 놀라운 이야기

증가할 것이다. 이 시나리오가 2400년경에 끝나면 인간은 겨우 300억 톤의 철과 함께 남을 것이다.

물론 단 하나의 연구 결과를 완전한 진실이라고 여겨서는 안 된다. 특히 미래에 무슨 일이 일어날지에 관해 예측하려고 할 때는 더욱 그러하다. 하지만 그 어느 것도 영원히 지속될 수 없다고 가정한다면, 우리의 후손들이 철기시대에서 벗어나는 첫발을 내디뎌야만 할 것이라는 사실은 합리적으로 들린다.

철은 우리 문명에 있어서 필수적이다. 히틀러는 키루나의 철을 중요하게 여겼기 때문에 철 공급을 확보하기 위해 노르웨이와 덴마크를 정복했다. 철이 비싸지고 희귀해지는 시대가 도래하면 각 나라들이나 강경한 지도자들이 무슨 일을 하려고 할지 상상하는 건 썩 내키지 않는다. 석기시대가 전 세계에서 돌이 모두 고갈되었기 때문에 끝난 게 아닌 것처럼, 우리의 후손들은 강철이 다시 한번 사치스러운 상품이 되기 전에 철이 아닌 다른 무언가로 만든 새롭고 더 좋은 사회기반시설을 개발할 것이라고 희망할 뿐이다.

Li 3 Lithium
Ca 20 Calcium
Cd 48 Cadmium
In 49 Indium
Si 14 Silicon
F 9 Fluorine

Ar 18 Argon

Mg 12 Magnesium

4

Al 13 Aluminium

Xe 54 Xenon

Tc 43 Technetium

I 53 Iodine

C 6 Carbon

구리, 알루미늄, 티타늄: 전구에서 인조인간까지

Sr 38 Stronium

Cs 55 12:00 Caesium

Au 79 Gold

Sc 21 Scandium

The Elements We Live By

Sn 50 Tin

Bi 83 Bismuth

He 2 Helium

Na 11 Soldium
Cl 17 Chorine
S 16 Sulfur
K 19 Potassium
Rh 45 Rhodium
Be 4 Beryllium

내 미래의 남편과 함께 호주로 유학을 갔을 때, 우리는 생전 처음으로 자동차를 소유했다. 그 차는 내 나이보다 4년 더 된 차였다. 그 당시 내 남자친구의 호주인 삼촌으로부터 물려받은 것이었는데, 그는 그 차를 우리에게 넘겨주면서 점화플러그를 다루는 법에 관한 자세한 지침도 함께 전해 주었다. 우리가 자동차에 관해서는 아마추어라고 밝히자 그는 엔진에서 소음이 나거나 혹은 문제가 생기면 자신이 기꺼이 도와주겠다고 말했다. 때때로 그 차는 호주의 황무지를 힘들게 돌아다니는 데 지친 것처럼 보였지만 가까이에 있는 삼촌을 한번 방문하고 나면 새로운 모험을 떠날 준비가 된 듯 쌩쌩해졌다.

지금 우리 가족이 소유한 전기차는 앞쪽 보닛 아래에만 짐

원소들의 놀라운 이야기

칸이 있다. 전기 모터는 좌석 밑 어딘가에 숨겨져 있고, 차 내부에 있는 커다란 스크린 속에는 계기판이 보인다. 차에서 이상한 소음이 나거나 제대로 작동하지 않을 때, 우리는 세상 어딘가에서 자동차 시스템에 연결하여 소프트웨어 업데이트를 통해 문제를 해결해 줄 수 있는 사람에게 전화해야 한다. 그렇지 않으면 차를 정비소까지 끌고 가야 한다.

우리는 운전할 때 커다란 스크린에 보이는 지도상에서 자동차의 위치를 모니터링할 수 있다. 우리의 목적지를 입력하고 여행을 시작하면 자동차는 어느 도로가 가장 빠른지, 또 충전을 위해 어디에서 멈춰야 하는지를 계산한다. 후방 카메라와 측면 센서가 있어서 쉽게 주차할 수도 있다. 안타깝게도 우리 차에는 최신 기술이 적용되진 않아서 혼자서 평행 주차는 못 한다. 최신형 자동차라면 핸들을 건드리지 않고 원하는 장소까지 운전하는 기능도 있다(다만 현행법상 정해진 장소에서만 이 기능을 허용하고 있다).

2017년 여름, 우리는 언제쯤 실제로 사람이 직접 차량을 운전하는 것이 사라질까에 관해 처음 토론했다. 컴퓨터의 통제를 받는 차는 졸지도 않고 뒷좌석에 앉은 자녀들과 논쟁하지도 않으며 술을 마시지도 않는다. 우리가 기술에 더욱 의존하는 법을 배우게 된다면, 부주의한 인간에게 통제권을 넘기는 일은 무책임한 것으로 여기게 될 것이다. 앞으로 15년 내로 그 누구도 차를 직접 운전하지 못하게 되면 어떻게 될까? 내가 자동차 수리법을 배우지 않았던 것처럼, 아이들도 운전하는 법을 배우지 않게 될 것이다. 이렇게 기술이 발전하면서 구리, 알루미늄, 티타늄의 도움으로 인간과 기계 사이의 경계가 지속적으로 허물어질 것이다.

자동차와 신체, 물에 함유된 구리

전기차는 우리의 삶을 이루고 있는 모든 기계장치 중에서서도 최신 제품이라 할 수 있다. 전기 조명이 1880년대에 널리 보급된 이후로 인간은 값싸고 믿을 만한 전기 에너지를 이용하게 됐다. 전기는 인간 세상과 일상에 엄청난 영향을 주었다. 전기가 없다면 어떨까? 해가 진 후에 사방이 깜깜해질 것이다. 기름 램프의 불빛 아래서 읽고 써야 하고 날마다 해로운 연기를 들이마시게 되는 화구 위에서 음식을 조리해야 할 것이다. 서구 사회에서 이런 상태는 이제 잊힌 과거가 되었다. 그러나 나의 할아버지가 발전소를 짓고 노르웨이 북부 지방을 관통하여 전기를 전달하는 구리 전선을 깔며 일하던 때로부터 겨우 몇 십 년밖에 되지 않았다. 전기가 점점 더 많은 사회기반시설에 사

원소들의 놀라운 이야기

용되면서 결과적으로 우리 주변에 있는 구리의 양은 증가하고 있다. 구리는 전도율이 뛰어날 뿐만 아니라 천천히 부식되고 생산에 상당히 저렴한 비용이 들기 때문에 우리가 전기를 사용함에 있어서 가장 중요한 금속이다. 제2차 세계대전 직후, 일반적인 가정용 자동차에는 약 150피트(45미터)의 구리 전선이 사용됐다. 오늘날 이 수치는 휘발유 자동차의 경우 1마일(1.5킬로미터) 이상으로 늘었고 하이브리드차와 전기차의 경우에는 훨씬 많다. 전후에는 많은 양의 구리가 과거 자동차에는 존재하지 않던 다양한 전기적 구성 요소들의 일부가 되었다.

또한 구리는 전력 케이블, 컴퓨터, 전기차 말고도 훨씬 많은 용도로 사용된다. 예를 들면, 많은 송수관이 구리로 만들어진다는 것이다. 물론 미세한 양의 금속이 식수로 누출될 가능성이 있긴 하다. 여하튼 우리 몸에도 구리가 필요하므로 미량의 섭취가 문제되지는 않는다. 세포 기관 속의 가장 중요한 단백질 일부가 구리 원자를 함유하고 있다. 또 우리 몸에는 작은 모래 알갱이 하나 정도 될 만큼의 구리가 존재하고 있기도 하다.

그러나 양이 과도하면 우리 몸에서 독성을 보인다. 만약 한동안 관 속에 정체되어 있던 물을 마신다면 그 안에 함유된 구리 성분이 당신을 아프게 할 것이다. 평소라면 물을 끓일 때 사용하던 냄비에 와인을 담아 가열한다면 똑같은 현상이 일어날 수 있다. 시간이 지나면서 수돗물 속의 구리가 냄비 안쪽 면에 코팅을 형성했을 것이다. 만약 이것이 산성을 띠는 와인에 용해된다면, 즐거운 마음으로 마신 와인 음료가 당신에게 꽤 많은 양의 구리를 선사할 것이다.

구리는 철기시대보다 오래전부터 인간 사회의 일부분이었다. 금과 함께 구리는 자연에서 순수한 금속 형태로 발견될 수 있는 몇 안 되는 금속 중 하나다. 그러나 구리 금속의 매장량은 상당히 희박해서 구리를 사용하는 것은 광물질에서 추출 해내는 방법이 발달하기 전까지는 보편화되지 않았다.

구리는 연질 금속soft metal이라서 철로 만들어진 도구보다 더 약한 도구를 만들기 위하여 사용된다. 그러나 구리를 망치로 두드리면 그만큼 강해질 수 있다. 망치질이 결정 구조에 혼란을 일으켜 원자들이 서로 미끄러져 지나가는 것을 어렵게 만들기 때문이다. 그 금속을 다시 가열하면 원자들이 나란히 잘 자리 잡아 금속은 더 부드럽고 더 유연해지게 된다. 이런 식으로 같은 금속을 통해서 새로운 도구를 만들어 낼 수 있었다. 나중에는 구리와 주석을 섞어 청동을 만들었고, 무기와 도구 제작에 더 적합한 구리와 비소 또는 구리와 납의 합금이 흔해졌다.

원소들의 놀라운 이야기

숲을 없애 버린 구리 광산들

구리는 지구 지각에서는 드문 원소다. 그렇지만 지각 속의 구리는 다양한 지질학적 과정을 통해 쉽게 운반되고 농축될 수 있으므로 대부분 국가가 직접 추출해서 쓸 정도의 구리 매장량을 보유하고 있다. 구리는 황과 잘 결합하는 이점이 있다. 대개 구리는 광석에서 분류하기 쉬운 황 함유 광물 속에서 발견된다. 그래서 구리 함량이 겨우 수천 분의 1인 매장물에서 구리를 추출하여 돈을 버는 것이 가능하다. 철광석이 50퍼센트가 넘는 철을 함유하는 반면, 오늘날 구리 광산은 일반적으로 0.6퍼센트의 구리를 함유하고 있다. 즉 1톤의 돌을 채굴하면 13파운드(6킬로그램) 정도 구리와 2200파운드(1000킬로그램) 이하의 부스러기 광물을 추출할 수 있다는 뜻이다.

철과 마찬가지로, 구리 광석에서 구리 금속을 생산하는 데는 많은 양의 탄소와 에너지가 사용된다. 구리를 생산하던 초창기 때 소비되었던 목재로 인해 스페인, 키프로스, 시리아, 이란, 아프가니스탄 지역에서 광범위한 삼림 벌채가 일어났다. 최근에는 이와 비슷한 일이 내 모국인 노르웨이 중앙의 뢰로스비다Rørosvidda에서 일어났는데, 이곳에서는 1600년대 중반부터 1977년까지 내내 구리를 채굴했다. 이 지역의 울창한 숲들이 구리 광산에서 불을 피워 구리 광석을 녹이기 위한 연료를 얻기 위해서 잘려 나갔다. 암석 1세제곱피트(0.1세제곱미터)로부터 구리를 추출하기 위해서는 목재 17세제곱피트(0.5세제곱미터)가 필요했다.

개벌 작업으로는 충분치 않다는 듯이 뢰로스Røros 주변 지역의 많은 식물이 구리 생산 때문에 발생한 오염으로 손상되었다. 19세기 중반까지 구리 광석 처리 과정의 중요한 부분은 실외에서 이루어졌다. 황으로부터 구리를 분리하려고 으깨진 광석을 마른 목재 위에 쌓아 올린 후 불을 붙여 몇 달 동안 타오르게 해 놓았다. 광석에 함유된 황은 공기 중 산소와 반응하여 가스가 되어 하늘로 올라갔다. 이 가스는 공기 중 위쪽에서 수증기와 반응하여 유황산sulfuric acid이 되었고 극심한 산성비처럼 땅으로 다시 떨어졌다. 그래서 오늘날에는 구리 생산 때문에 환경에 영향을 미치게 하지 않으려고 구리를 생산할 때 발생하는 오염을 막는 방법을 개발했다.

허나 구리를 채굴하고 구리 금속을 생산하는 일은 지형에 광범위한 흔적을 남길 수밖에 없다. 하지만 지금처럼 전기를 계속 사용하기를 원한다면, 계속 구리를 채굴하고 금속으로 만드는 방법밖에 없다. 일부 과학자들의 연구에 따르면, 몇 십년 후에는 구리 매장량을 다 캐서 생산이 감소하기 시작할 것이라고 한다. 반면 다른 과학자들은 오늘날 채굴되고 있는 구

원소들의 놀라운 이야기

리가 지구 지각의 상부 0.5마일(약 1킬로미터) 범위와 종종 지표면에도 존재한다는 점을 지적하고 있다. 규모가 크지만, 아직제대로 알려지지 않은 구리 매장물은 지표로부터 2마일(3킬로미터) 이하에 존재한다. 만일 기술이 발달하여 깊고 뜨겁고 위험한 광산에서도 작동하는 로봇으로 이 매장물들을 발견한다면, 추출할 수 있는 구리 자원은 오늘날의 열 배 이상이 될 것이다. 이렇게 되면 앞으로 몇 백 년 동안 우리의 구리 소비를유지할 수 있다.

알루미늄: 붉은 구름과 흰색 소나무

구리는 전기를 전달하기 위해 사용되는 유일한 금속은 아니다. 많은 경우 알루미늄이 좋은 대체재가 된다. 가벼워서 전력선에 아주 적합하기 때문이다. 이렇게 가벼운 무게 때문에 많은 전기차가 금속이 너무 무거워지지 않으면서도 강성을 유지하게 해 주는 다른 원소들과 합금을 이루는 알루미늄을 사용한다.

나는 알루미늄과 밀접한 관련이 있다. 이 원소가 몸속에서 어떤 유용한 작용도 하지 않아도 신체에는 구리만큼 많은 알루미늄이 있다(많은 것은 좋지 않다. 너무 많은 알루미늄은 해로울 수 있다). 내 휴대전화의 케이스는 알루미늄으로 만들어져 있다. 결국 나는 하루에도 꽤 여러 번 손으로 알루미늄을 만지는 셈이다. 산소가 알루미늄과 반응하면 단단한 보호막처럼 금속에 달라붙은 산화알루미늄aluminum oxide층이 형성된다. 이를 통해 금속의 나머지 부분이 산소와 접촉하는 것을 피하게 된다. 이게 알루미늄이 철처럼 부식하거나 분해되지 않는 이유다. 휴대전화 케이스를 만드는 공장에서는 이 산화된 층이 인간의 사용을 견뎌 낼 수 있을 만큼 두꺼워지고(약 5000분의 1밀리미터) 단단해지게 하려고 산소 농도와 온도를 조절한다.

사실 우리는 지금 꽤 흔한 원소에 관해서 얘기하고 있다. 지구 지각의 8퍼센트가 알루미늄이기 때문이다. 알루미늄은 철 다음으로 세계에서 가장 널리 생산되는 금속이다(해마다 5000만 톤이 생산되며 철은 16억 4000만 톤이 생산된다). 열대지방에서 암반을 풍화시키며 흐르는 표층수가 다른 원소들을 실어간 후 남은 알루미늄, 실리콘, 철, 티타늄으로 형성되는 암석인 보크사이트bauxite에서 거의 모든 알루미늄을 얻고 있다. 그래서 오늘날 채굴되는 보크사이트 매장량 대부분은 호주, 중국, 브라질, 기니에 있다.

이 암석은 표면 가까운 곳에 존재한다. 그래서 채석장을 통해 채굴할 수 있다. 최상층의 흙과 돌을 다른 곳으로 실어 보

　　　　　　　　　　　　　원소들의 놀라운 이야기

내고 보크사이트를 파내 으깬 후, 광석 안의 다른 광물질과 산화알루미늄을 분리하기 위해 거대한 압력 용기에서 수산화나트륨과 함께 가열한다. 연한 붉은색의 진흙 형태의 잔여 폐기물은 펌프로 퍼내어 거대한 못에 옮겨 천천히 건조시킨다. 잿물Lye을 사용해 붉은 찌꺼기를 부식하는데, 이 때문에 누출 사고나 저수조 고장이 발생하면 환경에 중대하고 즉각적인 손상을 줄 수 있다. 이런 종류의 가장 큰 사고는 2009년 헝가리 어이커Ajka의 저수조 고장이다. 이 사고로 열 명이 익사했고 진흙이 인접 마을로 넘쳐흘렀다. 찌꺼기가 계속 그 지역 강으로 유입되었고 그곳의 모든 생명체가 죽었다. 그런 다음 다뉴브강으로 흘러들었다. 다행히 장기적 영향은 미미했던 것으로 보인다.

통제할 수 없을 만큼 폭발적으로 채광 작업이 성행한 결과, 말라 버린 오폐수 저수장에서 시작해 지형을 가로질러 몰아치는 붉은 먼지구름을 포함한 환경 파괴가 심각해졌다. 그 때문에 말레이시아 당국은 2016년, 보크사이트 추출을 일시적으로 금지했다. 말레이시아가 내린 금지 조치로 그해 세계 알루미늄 생산량은 10퍼센트가량 떨어졌고, 채광 산업에 대한 엄격한 환경 규제와 시행 강제가 얼마나 중요한 일인지를 보여 주는 좋은 선례가 되었다. 오랫동안 알루미늄은 금과 같은 수준으로 가격이 비쌌고 익숙하지 않은 금속이었다. 순수한 산화알루미늄은 화씨 3600도(섭씨 2000도) 이상으로 가열되어야 녹는다. 그러한 높은 온도는 상당한 양의 에너지를 요구할 뿐만 아니라 용광로를 제작하는 데 적절한 재료를 찾기가 쉽지 않았다. 1800년대 말에 금속공학자들은 불화물fluoride 광물질인 빙정석cryolite과 결합하면 산화알루미늄의 녹는점이 화씨 1800도(대략 섭씨 1000도) 부근까지 내려갈 수 있음을 발견했다. 이러한 발견이 없었더라면 오늘날 자동차, 휴대전화, 맥주캔에 알루미늄을 사용할 수 없을 것이다.

알루미늄을 금속으로 변하게 하려면 이 산화알루미늄과 빙정석의 용해된 혼합물을 탄소와 반응시키고 전기회로에 꽂아 전자를 탄소에서 알루미늄으로 강제 이동시켜야 한다. 이 과정은 많은 양의 전기 에너지가 필요했기에 열대지방의 보크사이트 광산에서 얻은 산화알루미늄은 전기를 싸고 쉽게 이용할 수 있는 지역으로 보내야 했다.

내가 어렸을 때, 우리 가족은 종종 아름다운 우틀라달렌 Utladalen 계곡을 찾아가곤 했다. 이곳은 남부 노르웨이 요툰헤이멘Jotunheimen 국립공원의 서부 지역이다. 여행의 끝자락에 우리는 오래된 숲을 통과하여 벳티스몰키Vettismorki라는 산악고원지대로 향했다. 이곳에 있던 커다란 소나무들은 온통 흰

원소들의 놀라운 이야기

색으로 물들었다. 부모님께서는 오르달Årdal 지역의 알루미늄 공장에서 나오는 불소 가스의 방출 탓에 이 나무들이 일찌감치 죽어 버렸다고 말씀하셨다. 나는 그게 참으로 이상한 이야기라고 생각했다. 매일 밤 미소 띤 얼굴로 치아 건강을 위해 입 안에 넣곤 했던 작은 알약 형태의 불소가 그렇게 커다란 나무들을 죽일 수 있다는 것과 그 성분이 금속과 어떤 연관이 있다는 사실을 이해할 수 없었다. 송네피오르Sognefjord의 가장 깊숙한 곳에 있는 오르달 지방에는 알루미늄 공장이 있다 독일인 소유주가 제2차 세계대전 동안 운영하던 곳이었다. 전후에는 노르웨이로 넘어갔고, 현재는 세계에서 가장 진보된 알루미늄 공장 중 하나로서 노르스크 하이드로Norsk Hydro에 의해 운영되고 있다. 노르웨이는 값싼 수력 발전을 이용할 수 있었기에 매력적인 알루미늄 생산지가 되었다. 오늘날 노르웨이는 손에 꼽을 정도로 세계적인 규모의 알루미늄 생산국이 되었다.

1949년 오르달에서 알루미늄 생산이 시작되면서 그 지역 가축에게 즉각적인 영향을 미쳤다. 가축들은 치아와 골격에 심각한 손상을 입었고, 아주 쇠약해진 나머지 인위적으로 산에 위치한 목초지까지 옮겨야 했다. 산업계의 방출 물질과 이것이 자연과 가축에 미치는 해로움은 명확한 연관성이 보였다. 결국 1950년대에 소송으로 이어졌으며 끝내 알루미늄 공장은 지역 농부들에게 손해를 배상해야 했다. 이로 인한 일련의 과정은 1961년 뢰이크스카데로뎃Røykskaderådet('매연 손해배상 회의'를 뜻하고 후에 '노르웨이 오염 통제국'이 되었으며, 이어 '기후 오염 위원회'가 되었다)의 설립으로 노르웨이 환경 정책의 시작에 이바지했다.

내가 부모님께 배운 것처럼 침엽수와 동물의 치아, 골격에 손상을 준 것은 다름 아닌 용해된 빙정석에서 나온 불소 가스였다. 적은 양의 불화물fluoride은 치아를 구성하는 결정체 표면으로 들어가 치아를 더욱 튼튼하게 만들기 때문에 우리는 자녀들에게 불화물 구강 세정제를 주고 불화물 치약을 사용한다. 다만 불화물의 농도가 너무 높으면, 올바른 형태의 결정체를 형성할 수 없고 치아는 손상될 것이다.

공장이 문을 연 지 40년 후인 1980년대가 되어서야 비로소 침엽수림에 주는 손상을 막을 만큼 충분히 괜찮은 정화 시스템이 갖추어졌다. 오늘날 정화 시스템은 불소 대부분을 포획하여 추출 과정을 통해 안전하게 자연으로 돌려보낸다. 아르달에서 방출된 불소는 그 지역 사슴들의 치아에 여전히 영향을 주고 있지만, 식물에 미치는 환경적 영향은 몇 십 년 전 상태와 비교해 볼 때 거의 무시할 만한 수준이다.

원소들의 놀라운 이야기

우리가 이미 사용하고 있는 것을 사용하기

오늘날의 추출 속도로 보면, 앞으로 약 300년 이상 전 세계에 알루미늄을 공급할 수 있는 충분한 양의 보크사이트가 있다. 하지만 보크사이트 매장량이 고갈되기 시작하면, 다른 광물들로부터 알루미늄을 추출할 필요가 있다. 알루미늄은 지구 지각에서 매우 흔하므로 에너지만 충분히 가지고 있다면 계속 추출할 수 있다.

또한 알루미늄은 재활용될 수도 있다. 재활용된 물질에서 알루미늄을 생산하는 것은 새로운 금속을 만드는 데 비해 극히 적은 에너지만 필요하다. 이는 알루미늄이 오늘날 가장 재활용이 많이 되는 물질 중 하나임을 의미한다. 전 세계적으로 버려진 모든 알루미늄 중 60퍼센트 이상이 재활용되고 있다. 아직도 시장에서 유통되는 알루미늄의 절반 이하만이 재활용된 물질에서 나오고 있지만, 앞으로 몇 십 년 안에 재활용이 광산 채굴보다 더 중요해질 것이다.

일반적으로 금속은 재활용에 적합하다. 녹여서 새 물질처럼 사용 가능하기 때문이다. 엄밀히 따지면 합금을 분해하여 다시 개별 요소로 만들기는 꽤 어렵긴 하다. 그런 이유로 금속을 재활용할 때는 다른 합금이 섞이지 않도록 확실히 구분하고 주의 깊게 분류해야 한다. 그러지 않으면 최종산물의 적합성이 떨어질 수 있다. 합금의 내용물을 분석하는 좋은 화학적 방법들이 있긴 하지만, 다양한 구성 성분들이 잘 분류되고 분해하기 쉬워진다면 이러한 분류 작업은 간단해지고 비용도 줄어들 것이다.

내 휴대전화는 단순한 알루미늄보다 훨씬 많은 요소로 이루어져 있다. 일반적으로 휴대전화는 지구에서 발견되는 83가지 비방사능 원소 중 3분의 1에 해당하는 30가지 이상의 원소를 포함한다. 전화 속의 전자기기들은 순수한 실리콘 결정체로부터 만들어지는데, 이는 인, 비소, 붕소boron, 인듐indium, 갈륨gallium 같은 적은 양의 원소와 결합하여 신호를 통제하고 정보를 저장하기 위해 사용되는 전기 부품을 만들어 낸다. 전기 회로는 은이나 녹슬지 않는 금, 혹은 저렴한 구리 등으로 만든다. 전기를 잘 전달하기 때문이다. 휴대전화의 스크린에 쓰이는 유리는 알루미늄, 칼륨과 결합한 산소와 실리콘으로 만들어져 있다. 유리는 인듐과 그 두께가 매우 얇아서 속이 다 비치는 주석을 함유한 층으로 뒤덮여 있는데, 화면을 손으로 터치하면 전기 신호가 전화 내부의 컴퓨터로 전송된다. 만약 우리가 미래에 더 정교한 컴퓨터와 의사소통 수단을 계속 만들 수 있기를 원한다면, 과학자들은 재사용을 위해 이미 사용한 물건에서 모든 원소를 분리해 내는 새롭고 더 좋은 방법을 개발

원소들의 놀라운 이야기

할 필요가 있다. 인간은 돌로 금속을 만드는 방법을 완성하는데 수천 년이 걸렸다. 이제 우리가 습득해 온 모든 지식을 사용하여 문명의 폐품 더미에서 필요한 금속을 추출하는 방법을 알아낼 필요가 있다. 어쩌면 버려진 자동차와 휴대전화는 미래의 금광일 수 있다.

산속의 티타늄

내 자동차의 하부구조는 알루미늄보다 훨씬 더 강하면서도 훨씬 더 비싼 경금속인 티타늄으로 되어 있다. 그래서 이 금속은 적은 무게와 높은 강도가 반드시 필요한 곳에만 사용된다. 티타늄은 에너지를 적게 사용하는 경차뿐만 아니라 내 자동차와 휴대전화의 위치를 추적하고 날씨와 빙하, 지구상의 초목에 관한 정보를 끊임없이 알아내는 인공위성 같은 우주선에도 중요하다.

금속으로서 티타늄이 실제로 진가를 발휘하는 곳은 우주가 아니라 우리의 신체 내부다. 때로는 우리도 여분의 신체 부품이 필요하다. 이미 고대 로마 시대에 사람들은 주철로 인공 치아를 만들었다. 1938년에는 최초로 인공 고관절 삽입에 성공했다. 임플란트implant는 많은 사람에게 향상된 삶의 질을 선사하고 있다.

임플란트는 오랜 기간에 걸쳐 신체 내부에서 기능할 수 있는 물질로 만들어 내는 것이 중요하다. 녹슬거나 부식되어서는 안 되고 여러 조각으로 깨져서도 안 된다. 또한 몸에 해로운 그 어떤 물질을 방출해서도 안 된다. 금, 은, 백금은 이러한 기준을 충족시킨다. 그러나 이 금속들은 압력에 쉽게 구부러지므로 치아나 뼈로 쓰기에는 어려운 대용 물질이다. 놀랍게도 고대 로마의 주철 치아는 매우 쓸만해 보이지만, 철과 황동 brass, 구리처럼 더 강한 금속은 신체에 해를 끼치거나 자극을 줄 수 있다. 그 모든 금속 중 티타늄 합금이 가장 잘 기능한다. 티타늄은 강하고 가벼우며 약해지거나 원치 않는 그 어떤 부작용도 일으키지 않고 오랫동안 몸 안에 남을 수 있다. 이 사실은 앞으로도 우리가 티타늄을 오랜 시간 계속 이용할 수 있게 만드는 중요한 장점이다.

그런데 추출되는 티타늄 대부분은 금속 형태로 쓰이지 않는다. 거의 전부(약 90퍼센트) 그 특별한 흰색 때문에 이산화티타늄titanium dioxide으로 사용된다. 그래서 이산화티타늄은 흰색 페인트를 만드는 데 납 대신 사용할 수 있었다. 티타늄의 사용은 환경적 면에서는 희소식인 셈이다. 문제는 페인트가 재활용이 가장 어려운 물질 중 하나라는 것이다. 표면을 금도금하

원소들의 놀라운 이야기

는 데 사용된 금의 많은 양이 수년에 걸쳐 사라지듯, 닳아져 없어지는 것은 페인트의 속성이다. 그래서 우리는 닳을 때마다 다시 페인트를 칠해야 한다. 닳은 페인트는 먼지가 되어 바람과 풍화작용에 의해 바다로 운반된다. 오늘날 우리가 페인트에 사용하는 티타늄은 미래에 우주왕복선이나 임플란트를 만드는 데 사용하기는 힘들 것이다.

노르웨이는 100년 넘게 티타늄을 추출해 오고 있다. 다른 지역에서는 종종 티타늄을 모래에서 추출한다. 모래 속에서 추출할 때, 무거운 티타늄 광물은 남아 있는 반면 (비록 티타늄이 경금속이라 해도 모래 속 다른 대부분 광물보다 무거우므로) 다른 경광물들은 씻겨 나간다. 그러나 노르웨이는 암석으로 된, 세계에서 가장 큰 티타늄 매장량 일부를 가지고 있다. 티타늄을 추출하는 법은 다음과 같다. 폭 0.5밀리미터 이하의 작은 입자로 암석을 으깬 뒤 물과 섞는다. 그런 다음 자석과 중력을 사용하면 티타늄이 함유된 광물 대부분을 선별할 수 있다. 크기가 가장 작은 알갱이들은 찌꺼기와 비누를 섞어 거품이 일게 하여 잡아낼 수 있는데, 이 경우 티타늄 광물질이 거품에 들러붙어 표층에서 긁어낼 수 있다.

처리 과정을 거친 후 티타늄 광석은 시장에서 팔릴 수 있는 산화티타늄titanium oxide으로 전환된다. 그러나 많은 양의 찌꺼기가 생기므로 이를 어딘가에 치워 둘 필요가 있다. 서부 노르웨이의 텔네스Tellnes 광산이 1960년대에 문을 열었을 때 찌꺼기를 에싱피오르Jøssingfjord라는 협만에서 처리하였다. 가까운 지역이 먼저 찌꺼기로 메워졌다. 광산 소유주들은 저 멀리 협만 바깥쪽에 있는 딩가디우페Dyngadjupet라는 300피트(90미터) 깊이의 도랑에 그 찌꺼기를 침전시키기 원했다. 환경보호단체들과 어부들은 이 행동을 크게 반대하였다. 그들은 1987년 환경부 장관의 집무실을 점거하기도 했다. 그러한 저항에도 결국 허가는 떨어졌고 광산 찌꺼기는 10년간 딩가디우페 안으로 집어넣어졌다.

1994년 텔네스는 처리장 위치를 지상으로 바꾸었다. 이곳에서 해마다 200만 톤의 찌꺼기를 저수지가 있는 계곡으로 넣었다. 그런데도 문제가 없을까? 해가 뜨고 표면이 건조되어 바람이 불면 커다란 먼지구름을 일으킬 수 있다. 비가 오면 빗물이 찌꺼기를 뚫고 흘러내릴 것이다. 게다가 빗물과 광물 간에 화학반응이 일어나서 니켈, 구리, 아연, 코발트 같은 중금속이 배출될 수 있다. 매립지 밖으로 흘러나오는 물은 오염물질을 개울과 거리거 먼, 협만 바깥쪽으로 실어 나를 것이다. 그리고 이러한 과정은 어쩌면 영원히 계속될 것이다.

바다 안으로 침전된 찌꺼기는 이와 같은 방식으로는 중금

원소들의 놀라운 이야기

속을 방출하지 않는다. 왜냐하면 바닷물의 화학적 구성이 광물질들을 더욱 안정되게 하며, 매장지의 바닷물이 그렇게 많이 움직이는 편이 아니기 때문이다. 바다 매장지의 문제점들은 입자들 자체와 더 연관있다. 명확한 문제 중 하나는 바로 해저가 입자들로 완전히 뒤덮여 그곳의 모든 생명체를 모조리 파괴한다는 것이다. 협만 속으로 집어넣어지는 입자 중 작은 입자들이 바닥으로 가라앉는다. 만약 그 입자들이 협만 밖으로 흐르는 해류에 휩쓸린다면 더 넓은 지역에 걸쳐 해양 생태계에 여러 문제를 일으킬 수 있다. 작은 입자들이 물고기 아가미에 침착될 수 있고, 침전물이 홍수로 불어난 물을 탁하게 만들어서 전체 먹이사슬을 바꾸어 놓을 수 있다.

이론상으로 채굴 작업이 끝나고 진흙을 방치하면 협만 바닥의 생명력은 회복되어야 한다. 그러나 30년이 지난 지금도 에싱피오르는 침적의 영향이 뚜렷히 보인다. 궁극적으로 우리 사회는 서로 상충하는 몇 가지 사안을 평가해야 한다. 육지에 찌꺼기를 버리는 게 해양에 버리는 것보다 더 많은 환경적 피해가 발생할까? 티타늄 채굴로 얻는 재정적 이득은 추출의 전 과정이 환경에 미치는 영향을 감내할 만큼 충분할까? 이것으로 충분하지 않다. 우리는 다음과 같이 물어야 한다. 오늘날 우리는 티타늄이 포함된 페인트를 팔아도 될까? 우리는 앞으로

4. 구리, 알루미늄, 티타늄: 전구에서 인조인간까지

임플란트에 티타늄을 사용해야만 할까?

사이보그가 몰려오고 있다!

순식간에 모든 게 변했다. 불과 몇 년 전만 해도 전화번호부와 종이 사전에서 뭔가를 찾아봤고, 종이 지도로 길을 찾았다. 상대방과 다음에는 언제 만날지 미리 약속을 잡았다. 매점이나 자동발급기에서 종이 표를 구매했으며, 버스와 전차의 배차 시간표를 소책자로 확인했다. 사진을 찍기 위해 카메라를 들고 다녔고, 스톱워치로 시간을 재고, 알람시계를 사용했다. 소형 전자계산기로 계산해야 했고, 은행에 직접 방문해 업무를 봐야 했다. 노트에는 손으로 쓴 약속과 계획으로 빼곡했다. 지금은 언제나 우리 주머니에 넣고 다니는 작은 컴퓨터로 이 모든 것을 처리하고 있다. 바로 휴대전화다. 나는 시간을 잘 활용하면 유용한 일을 많이 할 수 있음을 알고 있다. 그러나 다른 사람들처럼 손에 전화를 들고 이메일을 확인하고 페이스북에 들어간다. 아무 일 없음에도 습관적으로 휴대전화를 손에 들고 뭔가 하려는 충동과 욕구를 자주 느낀다.

우리는 이러한 전자기기들을 몸에서 떼려야 뗄 수 없는 거 같다. 그래서 우리 몸에서 이것들을 완전히 떼어 내는 게 정말 필요한 일이 아닐까 하고 생각한다. 예를 들면, 손목에 착 달라

원소들의 놀라운 이야기

붙은 스마트워치가 있을 것이다. 또한 당신이 보고 있는 사물의 정보를 시각화하여 전달하는 안경도 있을 것이다. 어쩌면 이 안경에는 내장 카메라가 탑재되어 있어 당신이 원하는 어느 곳에서나 지금 보고 있는 것을 촬영할 수 있을 것이다. 흥미로운 사실을 알려주겠다. 내가 키우는 고양이에겐 고양이 출입구를 열 수 있게 해 주는 칩이 피하에 이식되어 있다. 일부 미국 내 직장에서는 직원들의 손에 비슷한 기능을 하는 칩이 이식되어 있다. 그래서 이 칩을 통해 출퇴근 시간을 기록하고 구내식당에서 점심값을 계산할 수 있다. 이 칩은 피부 바깥의 전기 신호를 통해 정보를 자유자재로 변화시키는 아주 작은 컴퓨터라 할 수 있다.

우리 신체도 전기를 사용한다. 18세기 말에 인간은 신경세포 내의 전기 신호가 근육 운동을 조절하기 위해 사용된다는 사실을 알게 되었다. 즉 우리가 이 신호를 측정하고 통제할 수 있다면, 신체 내에서 일어나는 현상을 조사하고 조절할 수 있다는 것을 알게 된 것이다.

심박조율기는 신체 시스템, 특히 심장 근육세포의 전기 신호를 측정하고 내보내기 위해 사용된 최초의 삽입물이었다. 만약 심장박동이 정상이 아닐 경우, 심박조율기는 심장이 일정한 리듬으로 뛰도록 만드는 신호를 내보낸다. 1958년, 스웨덴 공학자인 아르네 라르손Arne Larsson은 심박조율기를 이식받은 최초의 환자였다. 비록 겨우 8시간 만에 대체품을 투입해야 했고, 2001년 사망할 때까지 심박조율기를 대체하고 수리하느라 25회의 수술을 했지만 말이다. 어쨌든 이런 노력 덕에 심박조율기는 우리가 신뢰할 수 있는 장치로 빠르게 발전했다. 오늘날 우리는 시각장애인을 위한 각막 이식, 청각장애인을 위한 달팽이관 이식cochlear implants, 파킨슨병, 만성 통증, 간질, 불안장애, 우울증 등을 치료하기 위해 뇌 깊은 곳에 전극 이식을 시행하고 있다. 이러한 전극은 전기 자극을 뇌의 신호 체계로 보내 뇌의 기능 일부를 조절할 수 있다. 뇌에 전기회로를 만든다는 말이 이러한 상황을 정확히 표현한 것일 수 있다. 물론 대부분의 경우 머리뼈 내부나 표면에 전극을 부착하는 것만으로도 충분하다.

전극은 신체 중추신경계와 접촉하고 있는 신경세포나 근육세포에도 연결될 수 있다. 이런 방법을 통해 신체의 신호 체계가 의수hand prosthesis 같은 외부의 기계를 통제하는 데 사용할 수 있다. 놀랍게도 인간의 뇌는 외부 기계를 움직이는 법을 배울 수 있는 능력이 있다. 이러한 경우에는 우리의 뇌는 실제 손을 움직이기 위해 사용하는 것과 동일한 신경 경로를 사용하지 않는다. 의수를 단순히 바라보거나 그것을 어떻게 움직여

원소들의 놀라운 이야기

야 하는지 생각하는 것만으로도 의수가 실제 신체의 일부인 것처럼 통제하는 뇌 속 신경세포 간 연결을 형성하기에 충분하다.

기계와 신체 신호 체계 사이의 직접적인 연결은 다른 방식으로 사용될 수도 있다. 즉 외부 신호가 뇌나 근육에 영향을 줄 수 있다는 것이다. 현재 곤충의 뇌에 소형 컴퓨터와 신호를 주고받을 수 있는 전극을 부착해 딱정벌레나 메뚜기, 나방을 원격으로 통제하는 시스템이 존재한다. 이러한 일이 가능한 이유는 곤충이 우리보다 더 단순한 신호 체계를 가지고 있기 때문이다. 어쩌면 좁고 밀폐된 공간이나 제한 구역에 들어가거나 사진을 찍어야 할 일이 필요할 때, 원격으로 통제되는 메뚜기 군단을 보낼 수도 있을 것이다. 비단 곤충만의 이야기는 아니다. 뇌의 '처벌 보상 체계punishment and reward systems'를 자극하면 쥐나 비둘기처럼 더 복잡한 뇌를 가진 동물을 제어할 수 있다. 이 경우, 전극을 동물의 신경세포에 직접 연결하거나, 외부 신호를 사용한다면 동물의 뇌에서 특정 신경전달 물질이 분비하여 뇌세포가 흡수하게 할 수 있다.

인간과 기계가 섞인 사이보그는 종종 비범한 능력을 보이는데, 이는 우리가 영화나 문학작품을 통해 접한 바 있다. 그러나 곰곰이 생각해 보면 심박조율기와 망막을 이식받은 사람도 이미 사이보그라 할 수 있지 않을까. 물론 여기서 더 발전할 가능성은 얼마든지 있다.

오늘날 아이들이 중학교에 들어갈 무렵, 자신의 휴대전화를 소유할 수 없게 하는 경우를 보는 일이 그리 많지 않을 것이다. 우리 아이들이 어른이 된 후에는 자신의 차를 소유하고 직접 모는 일이 그리 많지 않을 수도 있다. 아이들이 자녀를 가지게 될쯤에는 다양한 편의를 제공하는 기계를 몸에 이식하는 일이 일상이 될 것이다. 이를 통해 자신의 건강을 모니터링하고 더 잘 보고 더 잘 들을 수 있을 것이다. 심지어 몸 밖의 기계를 사용하지 않고서도 바깥세상과 의사소통하고 청구서를 계산하며 메시지를 전송하는 일이 가능해질 것이다.

기계 인간의 미래

전기 부품은 점점 더 작아지지만, 성능은 더 좋아지고 있다. 내가 더 어렸을 때 아버지께서 직장에서 사용하셨던 컴퓨터보다(그건 냉장고만큼이나 컸다) 성능 좋은 컴퓨터가 나의 휴대전화 속에 있다. 오늘날 우리는 물질들이 원자 수준에서 내내 어떻게 기능하는지도 배운다. 원자를 보기 위해 최신 현미경을 사용해야 하는데, 우리가 만들 수 있는 기계 중 그 현미경

원소들의 놀라운 이야기

으로 봐야 보일 만큼 매우 작은 기계도 있다. 게다가 원한다면 그러한 초소형 로봇을 우리 신체의 정맥과 세포 속으로 보낼 수도 있다.

이쯤되면 당신은 아주 작은 기계를 개발하려는 것이 미래에 자원이 고갈될 것을 염려하는 사람들에게는 희소식이라고 생각될 것이다. 결국 작은 기계는 더 적은 재료를 사용하기 때문이다. 그래서 미래의 자원에 대한 부담을 증가시키지 않고 계속 문명이 성장하고 발전할 수 있다는 주장을 뒷받침하는 여러 근거 중 하나로 작은 기계를 개발하는 것도 있다. 또한 작은 기계는 더 적은 에너지를 사용해 작동할 수 있다. 어쩌면 먼 미래에는 몸속의 작은 기계들이 신체 내부에서 자연스레 발견되는 에너지를 모아 사용하기 때문에 배터리의 재충전이나, 혹은 배터리 없이 작동할 수 있게 될 수도 있다.

그러나 작은 물건을 만드는 데는 대가가 따른다. 물건이 작아질수록 제대로 작동하기 위해 더 깨끗해져야 할 필요가 있다. 손에 쥘 수 있을 만큼 큰 금속 부품들로 이루어진 커다란 라디오는 상당한 양의 불순물이 있어도 잘 작동할 수 있지만, 부품이 매우 작아서 몇몇 원자로만 이루어진다면 단일 원자 하나하나가 매우 중요해진다. 오늘날 전자제품은 심각한 문제를 일으킬 수 있는 단 한 알갱이의 먼지도 용납하지 않는 매우 청결한 연구실에서 이루어진다. 게다가 공장에서 일어나는 모든 과정 또한 엄격한 관리와 통제 하에 진행된다. 결국 발전된 환기 여과 시스템에 필요한 에너지와 우리 자신이 쏟아부어야 할 에너지가 더 많이 필요해진 것이다.

어떤 것을 적당히, 아니면 괜찮은 수준, 혹은 최고 수준으로 깨끗하게 하는 일 사이에는 큰 차이점이 있다. 예를 들어, 어떤 물질로부터 증류법을 사용해 불순물을 제거한다고 하자. 모든 물질은 고유의 끓는점을 가지기 때문에 이를 가열하여 제거할 수 있다. 알코올을 증류를 통해 생산할 때, 물과 알코올의 혼합물은 알코올이 기체가 될 때까지 가열하는 반면, 물은 일부만 기화한다. 그렇게 알코올 가스를 모아 냉각하면 응축한 끝에 액체가 되는데, 이 액체에는 약간의 물이 들어간다. 더 많은 물을 제거하려면 이 과정이 여러 번 반복되어야 한다. 여러 번 알코올을 증발하기 위해 많은 에너지가 들어간다. 게다가 증발을 반복하면서 알코올 일부가 사라지게 된다. 이는 다른 물질들에도 동일하게 적용된다. 결국 그렇게 만들어진 작은 기계가 작동하는 데 에너지를 소모하지 않고, 무게도 얼마 안 된다고 해도 생산 과정에서 이미 엄청난 양의 에너지와 화학물질을 소모했다는 사실은 변하지 않는다. 사실 이는 전자기기를 만드는 일에만 해당되는 일이 아니다. 물질을 분리하는 화학

원소들의 놀라운 이야기

적 반응을 위해 사용되는 에너지는 전 세계 운송 부문에서 사용되는 에너지량의 3분의 1에 이른다.

작은 것을 만드는 데 다른 방법도 있다. 박테리아를 사용하는 것이다. 박테리아와 다른 살아 있는 유기체들은 어느 면에서는 작은 기계들이라고 할 수 있다. 게다가 몇몇 박테리아는 순전히 혼자 힘으로 겨우 원자 몇 개에 해당하는 두께로 전기적 연결을 만들어 낼 수 있다. 현재 과학자들은 이 작은 유기체들이 특정 화학물질을 생산하도록 내부의 유전자 물질을 바꿀 수 있는 기술을 가지고 있다. 그래서 과학자들은 이 기술을 활용하기 위해 어느 유전자가 이러한 물질의 생산을 조절하는지 알아내려는 연구를 진행하고 있다. 미래에 이와 같은 지식을 활용해 박테리아를 활용한 여러 전자 부품을 만들 수 있을 것이다.

전자공학이 점점 더 발달하면서 살아 있는 유기체와 상호작용하여 우리 자신이 일종의 컴퓨터가 될 수도 있을 것이다. 그러면 지구에서 추출한 금속으로 이루어진 몸체와 화석연료로 만든 에너지를 쓰는 컴퓨터 대신 태양광선에서 에너지를 추출하고 사용하는 유기체로 구성된 컴퓨터를 볼 수도 있을 것이다. 물론 이러한 변화가 이루어지려면 오랜 기간 연구를 이어가야 할 것이고, 고비용의 첨단 시설이 필요할 것이다.

그렇지만 우리가 필요로 하는 모든 전자장치를 박테리아나 식물을 통해 생산할 수는 없다. 특히 우주여행에 필요한 장치가 그렇다. 지구의 대기 밖에서 사용될 물질들은 매우 잘 견딜 수 있어야 한다. 태양 빛 아래에서 너무 오래 있으면 화상을 입거나 피부암에 걸릴 수 있다. 태양광에서 가장 에너지가 풍부한 자외선이 피부 세포를 구성하는 분자들의 화학결합을 파괴하기 때문이다. 다행히 식물의 광합성을 통해 대기 중에 생긴 오존층이 해로운 방사선 중 대부분을 막아내고 있다. 문제는 오존층을 벗어나면 방사선이 훨씬 더 강력해 진다는 것이다. 따라서 박테리아가 만들어 낸 전자장치 속의 유기 분자는 우주여행을 견디기 어려울 것이다.

결국 지구 주변 궤도에서는 방사선, 추위, 열을 견딜 수 있는 가벼운 물질이 필요하다. 특히 알루미늄과 티타늄 같은 경금속은 매우 중요하다. 게다가 우리가 다음 장에서 알아볼 '세라믹 물질ceramic material' 또한 많이 사용되는 중요한 것들이다.

| Li 3 | Ca 20 | Cd 48 | In 49 | Si 14 | F 9 |
| Lithium | Calcium | Cadmium | Indium | Silicon | Fluorine |

5

뼈와 콘크리트 속의
칼슘과 실리콘

The Elements We Live By

Ar 18					Al 13
Argon					Aluminium
Mg 12					Xe 54
Magnesium					Xenon
Tc 43					I 53
Technetium					Iodine
C 6					Sr 38
Carbon					Strontium
Cs 55					Au 79
Caesium					Gold
Sc 21					Sn 50
Scandium					Tin
Bi 83					He 2
Bismuth					Helium
Na 11	Cl 17	S 16	K 19	Rh 45	Be 4
Soldium	Chorine	Sulfur	Potassium	Rhodium	Beryllium

나는 벽돌집에서 살고 있다. 기초는 콘크리트로 주조되어 있다. 벽은 유리섬유로 단열해 놓았다. 종종 유리로 된 창문을 통해 밖을 내다볼 수도 있다. 집 내부를 보면 부엌 조리대 위쪽 벽과 욕실 바닥엔 타일이 깔려 있다. 욕실의 세면기와 변기는 도자기로 되어 있다. 부엌 수납장에 있는 컵과 접시도 마찬가지다. 이 뿐만이 아니다. 내 입속 치아는 단단한 에나멜층으로 덮여 있고, 그 층 밑의 치아는 약간의 실리콘뿐만 아니라 칼슘, 인, 산소를 함유한 결정체로 되어 있다. 이 요소들이 함께 작용한 끝에 요소들이 좋아하는 방식으로 전자를 공유하면, 딱딱하지만 깨지기 쉬운 세라믹 물질을 형성할 수 있다.

우리가 그리 많은 주의를 기울이지 않는다 해도, 세라믹 물

원소들의 놀라운 이야기

질은 금속만큼이나 우리 일상에서 아주 중요한 역할을 한다. 게다가 세라믹 물질은 우주항공기술과 우리 주변에서 볼 수 있는 가장 똑똑하고 진보된 기계들 다수에서 중요한 요소가 되었다. 원자 단위로 구성되고 제어되는 그 요소들은 깨끗하고 발전된 연구소에서 만들어 진다. 일부 요소는 적은 온도 차를 통해 전기를 생산하는 데 사용할 수도 있다. 그렇다면 미래에 우리 몸속에 심긴 작은 컴퓨터에 그 요소를 활용해 필요한 전력이나 에너지를 모을 수 있을까? 가능할 것이라 본다. 앞으로 세라믹은 미래 기술 발전에 필수적인 역할을 할 것이다.

단단하지만 깨지기 쉽다

세라믹 물질은 다양한 그룹을 형성하지만, 몇 가지 중요한 특징을 공통으로 가지고 있다. 우선 모두 단단하며 높은 압력을 견딜 수 있다. 세상에서 가장 큰 구조물이 콘크리트로 되어 있다거나 치아가 에나멜enamel로 뒤덮여 있다는 사실에는 타당한 이유가 있다. 바꿔 말하면 유연함이 없어 깨지기 쉽다. 하중이 너무 커지면 구부러지기 전에 부서져 버린다는 것이다. 만약 너무 단단한 것을 덥석 물면 치아의 법랑질에 금이 간다. 세라믹 물질이 전류를 전달하는 경우는 거의 없는데, 이런 성질 때문에 세라믹, 유리, 자기porcelain가 고압선에 절연체로 사용돼 전류가 하나의 전도체에서 다른 전도체나 철탑과 땅으로 흐르지 않게 된다. 이러한 절연체가 없다면 우리는 오늘날처럼 사회 전반에 걸쳐 전력을 이동시킬 수가 없을 것이다. 세라믹 물질은 또한 열을 잘 전달하지 못하는데, 이런 성질 때문에 금속으로 만든 컵을 손에 쥐면 데여도 뜨거운 차가 담긴 도자기 머그잔은 쉽게 잡을 수가 있다.

세라믹 물질은 본질적으로 금속과 다르게 기능한다. 우리는 다른 원소들과 잘 협력하는 원소들을 취하여 여분의 전자를 받아들이게 함으로써 금속을 만들어 낸다. 원자들이 한데 모여 금속 한 조각을 형성할 때, 그것들은 더 이상 전자에 대한 책임을 지려고 하지 않는다. 어떤 면에서 이들 전자는 여름방학을 보내고 있는 아이들처럼 행동하여 물질 주위를 자유롭게 돌아다닌다. 이러한 특성은 금속이 (물질을 통과해 흐르는 전자인) 전류와 (물질의 작은 성분들이 돌아다닐 수 있을 때 수송하기 더 쉬운) 열을 모두 전도하게 만든다. 움직이는 전자의 바다에서 줄을 서는 원자들의 구조는 원자가 서로를 지나쳐 미끄러지기 쉽게 만들어 물질을 구부리고 펼 수 있게 한다.

세라믹 물질은 단정하게 줄지어 배열된 원자들이 서로 달라붙어 구성된 작은 결정체로 이루어져 있다. 세라믹 결정체

원소들의 놀라운 이야기

들은 (그들이 선호하는 대로) 그들 간에 전자를 분배하여, 모든 전자가 주의 깊게 '관찰'되며 원자들 사이에서 움직일 자유가 거의 없다는 점에서 금속과는 다르다. 이 때문에 원자들은 이웃 원자들과 매우 단단히 붙어 있게 되어 물질이 구부러질 때 원자들이 서로를 지나쳐 미끄러지는 것은 사실상 불가능해진다. 그 결과, 이들은 무거운 중량을 견딜 수는 있지만 중량이 너무 커지면 부서지고 만다.

점토로 만들기

가장 단순한 형태의 도예ceramics조차도 역사가 오래되었다. 점토로 작업하는 기술은 인간 역사의 시작 이후로 우리와 함께 해 왔고 우리 문화의 중요한 부분으로 남아 있다. 내가 초등학교에 다닐 때 도예는 미술 수업에서 내가 가장 좋아하는 활동 중 하나였다. 사실 우리가 그것을 '도예'라고 불렀는지도 확실치 않다. 내 생각에 우린 그것을 '점토로 물건 만들기' 정도로 불렀던 것 같다. 우리는 흙냄새가 나는 촉촉한 적갈색 점토 한 덩어리씩을 받아 재미있는 도구를 사용해 동물이나 작은 그릇을 만들어 오븐에 넣고 구워 엄마 아빠에게 드릴 선물로 만들었다.

점토clay는 몇 가지 의미가 있는 단어다. 일상 대화에서는 무겁고 밀도 높은 흙을 정의할 때 사용한다. 엄밀히 따지면, 점토는 모든 입자가 먼지 알갱이처럼 작은 흙으로 분류된다. 점토 흙을 만드는 결정체는 고체 암석이 부서지고 지표의 물과 접촉하여 풍화작용을 거칠 때 그로부터 형성되는 '점토 광물'이다. 원자 수준에서 보자면, 점토 광물은 강하고 아주 얇은 실리콘과 산소의 층들로 이루어져 있다. 각 층 사이에는 대개 알루미늄, 칼슘, 철이 존재하지만, 점토 광물은 이들 층 사이에서 물과 다른 원소들을 흡수하는 능력도 있다.

습기를 머금은 점토 속에는 이러한 광물들이 서로 간에 그리고 그들 사이의 수분에 달라붙어 있다. 이러한 특성 때문에 습한 점토로 모든 종류의 복잡한 모양을 만들 수 있다. 점토로 만들어진 물건이 뜨거운 오븐에서 구워지면 물은 증발하고 점토 광물이 서로 매우 잘 달라붙어 완성된 도자기 제품이 돌처럼 단단해진다.

10,000~14,000년 전에 도자기 제품은 단순한 형태에서 벽돌, 타일, 단지 같은 유용한 물건들로 발전했다. 그러나 불에 구워진 점토 자체는 오랜 기간에 걸쳐 물이나 기름을 담아 둘 수 있을 만큼 불투과성은 아니다. 도자기 제품이 정말로 방수 성질을 띠려면 도예가는 가장 바깥층을 녹여야 한다. 아마도

원소들의 놀라운 이야기

최초의 매끈매끈한 점토 항아리는 우연히 한 번 오븐이 너무 뜨거워졌을 때 만들어졌을 것이다. 훗날 도예가들은 불에 한 번 구워진 물체 표면과 점토 광물을 접촉하여 그 녹는점을 낮추는 가루약으로 뒤덮어 도자기에 윤이 나게 하는 법을 알게 되었다. 이렇게 하면 점토 표면이 쉽게 녹아 두 번째로 구울 때 표면이 매끄러워졌다. 고대에는 그렇게 만들어진 단지가 포도주와 기름을 저장하는 데 쓰였다. 오늘날 부엌 수납장에는 윤이 나는 표면을 가진 도자기 컵과 받침 접시가 들어 있다. 우리 집 욕실에 있는 도자기 비누 받침과 타일도 서기 600년대 중국인들에 의해 개발된 처리 과정으로 석영과 장석에서 얻은 가루와 섞인 특별한 유형의 점토로 만들어진, 일종의 유약 바른 도자기인 셈이다.

창문 유리 속의 뒤섞인 원자들

먼저 유약 바른 도자기의 생산기술을 먼저 터득했으니, 다음 단계는 도자기 제품을 통째로 녹여 순수한 유리를 얻는 것일 거다. 말은 쉽지, 해내기가 아주 어려운 일이다. 유리 제품을 만드는 것은 매우 극한의 조건을 요구하기 때문이다. 도자기에 유약을 바르기 시작한 때로부터 순수한 유리를 생산해 내기까지 수천 년이 걸렸다. 이때까지 발견된 것 중 인간이 만든 가장 오래된 유리는 약 4500년 전의 것이다.

유리는 자연에서 발견될 수 있다. 화산 분출 때 녹은 암석이 공기 중으로 배출되어 냉각된 후 원자들이 결정화되면서 형성될 수 있다. 지각판tectonic plate이 서로 비벼 대어 지진이 발생하면 마찰로 인해 매우 많은 열이 발생해 암석의 얇은 층이 녹고, 지각 운동이 멈추면서 빠르게 고체화한다. 그 결과, 우리는 암석에 있는 유리 같은 물질을 얇은 수맥 형태로 볼 수 있다. 혹은 거대한 운석이 지구 표면과 충돌할 때 바위를 녹이기에 충분할 만큼 온도가 높아질 수도 있다. 이들 모든 과정의 공통점은 돌 속의 모든 광물을 녹일 만큼 온도가 높아질 때 유리가 형성된다는 것이다. 용해된 물질은 원자들이 정돈된 결정 구조로 다시 돌아가는 과정을 겪을 틈도 없이 빠르게 냉각될 때, 결국 무작위적인 위치에서 멈추게 된다. 이것이 유리의 정체다. 이 세라믹 물질 속에서 원자들은 온통 혼란스러운 상태다.

창문의 유리는 순수한 모래로 만들어진다. 이 모래는 실리콘과 산소를 함유한 석영 광물과 칼륨, 나트륨, 칼슘, 바륨뿐만 아니라 알루미늄도 들어 있는 장석으로 이루어져 있다. 석영과 장석의 혼합물은 온도가 화씨 3600도(섭씨 2000도)에 도달해야만 녹을 것이다. 그러한 높은 온도를 견딜 수 있는 가마를

원소들의 놀라운 이야기

제조하는 건 현재로서는 불가능하다. 그래서 화씨 1800도(섭씨 1000도) 정도로 온도를 낮추기 위해 소금 광산에서 추출되는 탄산나트륨을 첨가한다. 게다가 완성된 유리가 물에 녹는 것을 막기 위해 으깨진 석회암도 섞어야 한다. 이 혼합물이 가열되면 탄산나트륨과 석회암에서 이산화탄소가 방출되어 대기 중으로 사라지는데, 이는 완성된 유리가 그것을 만드는 데 들어갔던 원재료를 모두 합친 것보다 적은 무게가 나간다는 의미다.

작업장에서 유리 부는 직공들을 보면 매혹적이다. 그들은 유리가 매끈하고 단련하기 좋게 유지되도록 화씨 1800도(섭씨 1000도) 이상의 가마 속에 매다는 일을 반복한다. 그러나 우리가 일상에서 사용하는 유리 대부분은 기계로 만들어진다. 부엌 수납장 속의 물 마시는 컵은 주형에서 만들어진다. 거실 창문에 쓰이는 커다란 유리 패널은 녹은 주석이 담긴 틀 위에 녹은 유리를 쏟아부어 만든다. 이때 유리는 고체 주형에서 이루어지는 것보다 더 평평한 균일 층의 형태로 흘러 나간다. 이처럼 내 차의 방풍유리는 완성된 물질 속의 원자들이 서로 대립하여 장력 속에서 움직이지 않도록 매우 빠르게 냉각되어 만들어 졌다. 이렇게 하면 원자들이 떨어지는 것이 더 어려워져 날아오는 자갈에도 창문이 산산이 부서지지 않는다.

유리의 색깔과 다른 특성들은 적은 양의 다른 원소들을 첨가하여 조절될 수 있다. 많은 맥주병들에서 볼 수 있는 초록색은 산화철에서 만들어진다. 내가 라자냐를 만들 때 소량의 산화 붕소를 함유한 오븐용 유리 접시를 사용하는데, 이 성분은 유리가 오븐 속에서의 온도 변화를 견뎌 금이 가지 않도록 해준다. 납을 첨가하면 숟가락으로 두드릴 때 맑은 소리를 내는, 자르기 쉬운 유리를 얻을 수 있다. 그러나 이런 최고급 크리스털 유리잔으로 음료를 마시려면 항상 주의해야 한다. 몸속으로 필요 이상의 납이 들어갈 가능성이 있기 때문이다.

유리는 창문과 방풍유리, 물컵에서만 발견되는 것이 아니다. 우리가 가진 가장 진보된 통신 체계 일부에도 사용된다. 적절한 원소를 첨가하면, 제조업자들은 빛이 유리를 통과하는 방식을 조절할 수 있다. 또 유리가 늘어져 얇은 섬유가 되면 먼 거리에 빛을 전송하는 데 사용될 수 있다. 오늘날 대규모로 도로를 따라 매장되어 있는 기다란 광섬유 다발의 케이블은 인터넷을 통해 각 가정이나 전 세계와 연결할 수 있게 한다. 오늘날 전자기기와 금속이 사용되고 있는 경우, 미래에는 특수 처리한 유리로 된 작은 부품들이 빛의 형태로 정보를 전달하기 위해 사용될 것이다.

금속 합금과 마찬가지로, 유리 안에 섞여 있는 개별 원소들

원소들의 놀라운 이야기

을 분리해 내기는 어렵다. 그러므로 서로 다른 성질의 유리는 재사용을 위해 녹여지기 전에 분류하는 것이 중요하다. 가마 속에 잘못된 종류의 유리가 소량만 들어 있어도 내용물 전체를 버려야 할 수 있다. 그와 별도로 유리는 재활용에 매우 적합하다. 녹여서 다시 새것처럼 재사용할 수 있다.

조류에서 콘크리트까지

누군가 사용했던 최초의 세라믹 물질이나 도구는 우연히 땅에서 취한 한 덩어리의 암석이었을 것이다. 우리는 암석 행성에 살고 있다. 우리가 걷고 있고 오르고 폭파하여 터널을 뚫고 있는 암석 또한 세라믹 물질이다. 바위들은 그 생긴 모양이 제각각이다. 그리고 그중 일부는 다른 것들보다 도구나 무기를 제조하기에 더 적합하다. 부싯돌은 날카로운 도구를 만들 때 좋은 돌이다. 덴마크와 스웨덴 여러 지역에 있는 석회암에서 추출하거나 해변에서 주울 수 있다. 미국 오하이오 동부 애팔래치아산맥의 작은 언덕에는 부싯돌의 매장량이 풍부하다. 노르웨이에는 더 추웠던 시기의 빙하를 통해 그곳으로 옮겨진 부싯돌이 있는데, 노르웨이에 정착한 초기 사람들은 그것을 구하려고 애썼다.

돌도 처음부터 건축 자재로 사용되어 왔다. 기술을 제대로 배운다면, 돌 위에 돌을 쌓아 잘 구축한 구조물을 만들 수 있다. 하지만 구조물을 제자리에 붙잡아 두는 것이 중력뿐이라면 건축 형태의 선택 범위는 제한된다. 이제 사람들이 크고 작은 돌이 회반죽이나 시멘트와 결합할 수 있는 것을 알고 있다. 그 덕에 훨씬 다양한 구조물을 지을 기회가 열렸다.

최초의 건축 자재는 지구의 많은 장소에서 발견되는 암석인 석회암으로 생산되었다. 도버 백악 절벽White Cliffs of Dover에 있는 부드럽고 구멍이 많은 백색 석회암chalkstone과 오슬로Oslo 오페라하우스를 뒤덮은 이탈리아 대리석, 엠파이어스테이트 빌딩을 구성하는 돌은 모두 석회암 유형이다. 석회암은 생물학적 세라믹 물질의 잔여물로 구성되어 있다. 해양에는 바닷물 표면에 떠돌아다니는 작은 조류algae가 있다. 이들 중 일부가 바닷물에 녹아 있는 칼슘과 이산화탄소로 구성된 결정체로 작은 갑옷 껍질을 만든다. 수백만 년 전에 살았던 조류도 이와 같은 일을 했다. 조류가 죽고 바다으로 가라앉아 그곳에서 더 큰 껍질의 잔여물 그리고 산호와 함께, 일찍이 없던 두꺼운 층의 형태로 바닥에 새하얀 먼지처럼 쌓였다. 이후 기후와 해양이 변했다. 해저의 껍질들은 모래와 진흙으로 뒤덮였고, 그다음 수백만 년에 걸쳐 그것들은 점점 지구의 지각 속으로 밀려

원소들의 놀라운 이야기

내려와 고체 석회암이 되었다.

조류와 다른 해양 동물들이 공기 중에서 바닷물로 녹아든 이산화탄소를 통해 껍질을 만든 이후로, 석회암은 과거 대기로부터 온 이산화탄소의 거대한 비축량을 나타내고 있다. 만약 석회암이 화씨 1500도(대략 섭씨 800도)가 넘는 온도로 가열된다면, 결정체가 분해되고 이산화탄소가 사라져 다시 대기 중으로 돌아갈 것이다. 뒤에 남는 것은 칼슘 가루와 산소인데, 만일 이것이 물과 접촉한다면 강하게 반응하여 많은 양의 열을 만들어 낸다. 이 과정에서 형성되는 것을 소석회slaked lime, 즉 수산화칼슘calcium hydroxide이라고 부른다.

소석회는 그것이 접촉하는 공기로부터 이산화탄소를 흡수하고 단단해져 새로운 석회암과 다름없는 물질이 된다. 소석회를 곱게 갈린 모래와 섞으면 가장 단순한 형태의 석회 회반죽이 되는데, 이것을 사용하여 돌을 굳혀 구조물을 만들 수 있고 석고 가루로 만들어 돌벽을 덮을 수도 있다. 소석회를 모래, 자갈과 섞은 것이 최초의 콘크리트였다.

인간이 열과 물을 사용하여 석회암을 새로운 돌로 만드는 방법을 어떻게 발견했는지는 아무도 모른다. 평범한 모닥불은 석회암을 분해할 만큼 뜨겁지 않다. 아마도 땅 위의 석회암을 반응성 소석회 가루로 만든 것은, 번개나 산불이었을 것이다.

그리고 이는 소석회 가루가 물과 접촉하면 단단해진다는 사실을 발견한 사람들의 호기심을 자극했을 것이다. 소석회로 만든 콘크리트 바닥 중 가장 오래된 잔존물은 12,000년 전의 것이다. 이는 인간이 정착하여 농업을 시작하기 전, 즉 세라믹 기술이 탄력을 받기 시작한 때와 거의 동시에 이것들이 만들어졌음을 의미한다.

우리는 산업의 역사가 맨 처음에 화학산업 과정인 소성 calcination(가마에서 석회암을 구워 도자기나 벽돌을 만듦—옮긴이)과 함께 시작됐다고 말할 수도 있을 것이다. 이는 인간이 많은 양의 해로운 화학물질을 생산하고 다루던 최초의 순간이었다. 산화칼슘의 미세한 가루는 꽤 반응성이 커서 그것으로 작업해야 하는 사람의 피부와 눈에 손상을 줄 수 있었다. 이러한 발전적 과정을 수행하기 위해서는 틀림없이 매우 정교한 계획과 협동이 요구됐을 것이다.

콜로세움 속의 화산재

약 4000년 전 고대 크레타Crete 섬에 거주하며 해상여행과 무역을 했던 미노스인Minoan들은 서구 세계에서 가장 진보된 문명 중 하나를 가지고 있었다. 그 문명은 기원전 약 1640년까지 지

원소들의 놀라운 이야기

속되었는데, 그때쯤 지중해의 산토리니Santorini 섬이 거대한 화산 분출로 폭발하여 쓰나미가 일어났고 미노스의 무역 도시는 완전히 파괴되었다. 그 재앙 후 그리스인들이 들어와 옛 미노스 영토를 차지했고, 미노스 문자와 문화는 망각 속으로 사라졌다.

그러나 우리가 미노스인에게 관심을 가지는 이유는 그들의 전설이나 신비로운 문학작품 때문만이 아니라, 그들만의 독특한 콘크리트 기술 때문이다. 그들은 수경시멘트hydraulic cement를 개발한 최초의 사람들이었다. 소석회와 물로 만든 석조물은 시멘트가 공기 중 이산화탄소와 반응할 때까지 굳지 않는 반면, 수경시멘트는 물과 반응하면 암석처럼 단단해진다. 이것이 경화 과정을 더 빠르고 더 조절할 수 있게 만들며, 콘크리트가 수중 구조물에도 쓰일 수 있고 순수한 석회암으로 된 것보다 훨씬 강한 건축물을 만들 수 있음을 의미한다.

미노스인은 석회암을 화산재와 섞어 콘크리트를 제조했다. 지중해 섬들에는 화산재가 풍부했다. 실리콘의 작은 입자들과 산소로 이루어진 이 화산재는 입자들의 크기가 작기도 하고 화산 분출 후 매우 빨리 냉각되는, 타는 듯이 뜨거운 물질에 의해 형성되었기 때문에 다른 물질들과 쉽게 반응한다. 재와 소석회의 혼합물이 물과 섞이면 칼슘, 실리콘, 물은 서로 결합하여 콘크리트 속 모래 알갱이 사이의 공간을 채우는 강력한 물질로 변한다. 이런 식으로 콘크리트는 강해지고 방수의 성질을 띠게 된다.

미노스인들이 사라졌을 때 수성 콘크리트에 관한 그들의 지식도 함께 사라졌다. 그 기술이 재등장하기까지 1000년 이상이 걸렸다. 나폴리를 둘러싸고 있는 지역의 로마 거주민들이 기원전 약 300년경에 이 기술을 재발견했다.

로마인들은 콘크리트를 사용하는 데 있어 장인이 되었다. 우리가 오늘날까지도 여전히 눈으로 볼 수 있는 로마식 콘크리트 구조물 중 주목할 만한 예시로는 콜로세움과 판테온 신전, 그리고 수로와 도로의 수많은 잔존물이 있다. 이 구조물들이 지어진 지 2000년이 지난 후에도 여전히 서 있다는 사실이 믿기지 않을 정도다.

콘크리트가 주된 역할을 했던 최초의 대규모 프로젝트는 오늘날의 이스라엘 북부 지방에 해당하는 카이사레아Caesarea 항구 도시의 건축이었다. 기원전 4년까지 유대의 왕이었던 헤롯Herod은 로마의 곡물 수송선을 수용할 만큼의 큰 항구를 건설하고 싶어 했다. 문제는 그가 관할했던 해안선이 궂은 날씨에 피난처를 제공했던 자연적인 군도archipelago나 큰 강의 하구estuary도 전혀 없는, 하나의 긴 해변에 지나지 않다는 것이었

원소들의 놀라운 이야기

다. 질 좋은 건축 석재의 지역 원산지가 부족했기 때문에 수성 콘크리트 없이 적절한 항구를 짓는다는 것은 사실상 불가능했을 것이다.

항만 건설에는 항구 자체의 건설을 위해, 그리고 소석회를 담아 운반할 점토 항아리를 굽던 가마와 화덕에 쓰기 위해 많은 양의 목재가 필요했다. 목재 대부분은 다키아Dacia 왕국(오늘날의 트란실바니아)을 포함하여 다뉴브 강의 북쪽과 남쪽의 새로 정복한 지역에서 조달했는데, 그곳에서 로마인들은 풍부한 금 매장지를 개발하기도 했다. 헤롯왕은 건설 프로젝트에 쓸 충분한 양의 콘크리트를 생산하기 위해 수년간 밤낮으로 운영되는 수백 개의 석회 굽는 가마를 소유했음이 틀림없다. 화산재는 나폴리발 대형 선박으로 보내어졌다. 소석회는 물과 섞이고 점토 항아리 안에 부어져 배에 실렸다. 항구가 완공되었을 때, 카이사레아는 그 당시 아테네와 같은 크기가 될 만큼 유대에서 크고 가장 번영한 도시가 되었다.

오늘날 그 항만은 물속 40피트(12미터) 깊이에 놓여 있고, 이스라엘 해안선을 따라 지속적인 지진이 발생하여 수 세기에 걸쳐 바다 안으로 점차 가라앉고 있다.

단점을 보완한 콘크리트

로마제국의 멸망으로 콘크리트 생산에 관한 지식은 한 번 더 사라졌고, 1700년대가 되어서야 수성 시멘트의 사용이 다시 채택되기 시작했다. 유럽 북부지역에는 지금 지중해 섬들에서 발견되는 것처럼 화산재의 커다란 매장량은 전혀 없었지만, 석공들은 석회암을 점토와 함께 구우면 물속에서 경화되는 시멘트를 만들 수 있음을 발견했다. 점토가 매우 높은 온도로 가열되어 광물질이 분해되면 물과 쉽게 반응할 수 있는 물질이 만들어진다. 타버린 점토의 잔여물은 화산재와 같은 성질을 띠는데, 이것은 격렬하게 가열된 규산 함유 광물의 혼합물이기도 하다.

오늘날 만들어지는 거의 모든 시멘트는 1824년 영국의 벽돌공 조지프 애스프딘Joseph Aspdin에 의해 포틀랜드 시멘트Portland cement라는 이름으로 특허 발명된 제조법의 변형들에 기초한다. 이름에서 알 수 있듯이 이는 잘 알려진 회백색 건축석재인, 영국의 도싯 외곽 포틀랜드 섬에서 나는 석회암을 가리킨다. 이 새로운 시멘트는 포틀랜드 암석만큼 단단하다고 알려지며 시장에서 유통되었다. 포틀랜드 시멘트는 석회암과 점토의 혼합물을 화씨 2650도(섭씨 1450도)가 넘는 온도로 가열하여 만들어졌다. 이 온도에서는 원자재에 있는 광물질이 분

　　　　　　　　　　　　원소들의 놀라운 이야기

해되고 물과 접촉하면 빠르게 반응하는 불안정한 물질이 만들어진다. 마지막 단계는 시멘트가 굳는 데 걸리는 시간과 굳기 전에 필요한 걸쭉한 정도나 유동성, 최종 산물의 강도를 조절하기 위해 석고 가루와 다양한 산업 공정에서 생기는 재 같은 첨가물을 섞는 것을 포함한다. 콘크리트를 만들기 위해서는 주조 전에 시멘트가 모래, 자갈과 함께 섞인다.

시멘트 가루와 물이 반응하면 시멘트 내부의 물은 염기성이 강해진다. 이러한 이유로 포틀랜드 시멘트는 강철과 함께 사용하기에 뛰어난 물질이 되었다. 시멘트가 모두 반응할 때까지 유지되는 콘크리트 내부의 염기성 환경은 강철이 물과 접촉하여 녹스는 것을 방지하는 조밀한 피막을 강철 표면에 형성한다. 오늘날 전 세계 구조물의 대부분은 강철로 강화된 콘크리트로 건축된다. 강철과 콘크리트의 조합은 매우 큰 강도와 유연성을 제공하기 때문에 높이 3000피트(900미터)가 넘는 초고층 빌딩과 세계 그 어떤 것보다 큰 댐을 포함하여 우리가 상상할 수 있는 어떤 구조물이든 실제로 만들 수 있다.

그런데 강철 보강재를 쓴다 해도, 현재의 콘크리트 구조물은 고대 로마인들이 지은 것보다 훨씬 수명이 짧다. 시멘트 속의 입자들이 물과 반응하면 물은 더 적은 염기성을 띠게 되어 강철 표면의 코팅이 약해진다. 정확히 말하면 이는 아주 오랜 시간이 걸리는 과정이다. 후버댐Hoover Dam(1935년에 완공됐다) 같은 큰 건축물에서 이러한 반응은 오늘까지도 여전히 진행되고 있다. 이는 강철이 아직 보호되고 있다는 것을 뜻한다. 그보다 작은, 일반적인 규모의 건축물에서는 물이 강철 보강재와 접촉하지 않게 하는 것이 매우 중요하다.

새로 주조된 콘크리트는 방수성을 띠고 내부 강철을 잘 보호한다. 그러나 생산된 지 몇 개월에서 몇 년이 지나면, 콘크리트 내부에서 화학 반응이 일어나 균열이 생긴다. 그래서 콘크리트가 약해지고 구멍이 많아져 물이 지나가게 된다. 물이 철근에 도달하면 녹슬기 시작한다. 녹은 공간을 차지하고 철근 주변으로 콘크리트를 밀어내 더 많은 물이 침투하게 한다. 이러한 과정이 방해받지 않고 계속된다면 한때 군건했떤 다리도 갑자기 붕괴하는 힘없는 구조물로 변할 수 있다. 강철 보강재에 생기는 손상이 외관상 눈에 보일 때까지는 시간이 걸린다. 만약 녹슨 반점이나 커다랗게 갈라진 금이 보인다면, 이미 광범위하게 악화된 상태라 할 수 있다.

오늘날 콘크리트 구조물은 약 100년간의 예상 수명을 가지고 있다. 경험상으로 손상은 특히 구조물이 바닷물에 잠겨 있거나 바다에 의해 물안개가 끼는 지역에서 더 빨리 일어날 수 있다. 바닷물의 소금기가 부식을 가속하기 때문이다. 도로, 다

원소들의 놀라운 이야기

리, 댐, 공항, 건물 기초, 배수 파이프, 물탱크 같은 우리 사회의 기반 시설은 점점 증가하고 있고 불과 수십 년 내에 유지 보수와 교체가 필요해질 것이다. 더불어 재활용될 수 없는 막대한 양의 콘크리트가 생산되는 중이다. 한 번 사용된 시멘트에서 새로운 시멘트를 재생산하는 것은 불가능하기 때문이다.

콘크리트 산업에서는 보강재에 녹이 생기는 문제 때문에 이를 대체할 수 있는 보강 물질을 계속 세심하게 살피고 있다. 탄소, 유리, 플라스틱으로 만들어진 섬유는 몇 가지 적용 분야에 아주 적합하지만, 가격과 강도 면에서 볼 때 강철과 겨룰 만한 대체재는 아직 없다. 그 외 대체재에 관한 연구를 덧붙이자면, 물이 표면을 관통하는 걸 막아 구조물의 수명을 연장시키는 표면 처리 콘크리트가 있다. 자체 수리가 가능한 콘크리트를 사용한 실험도 있었는데, 이 경우는 갈라진 틈을 뚫고 들어간 물이 다시 균열을 봉합하는 반응을 일으킨다.

모래는 충분히 있는가?

우리는 전 세계적으로 언제나 새로운 콘크리트를 생산하고 있다. 최근에도 콘크리트 생산에 쓰일 모래와 자갈이 강둑이나 건설 현장에서 가까운 장소, 즉 강과 빙하가 수천 년간 쓸어간 물질을 축적해 온 곳에 형성된 모래와 자갈 채굴장으로부터 조달되었다. 강의 자갈은 콘크리트에 사용할 수 있는 최선책이다. 반면 소금물과 밀접해 있던 모래와 자갈은 잘 세척해야만 쓸 수 있다. 잔존 염분이 강철 보강재를 녹슬게 만들기 때문이다. 건조한 사막 지역에 있는 엄청난 양의 모래는 그다지 적합하지 않다. 너무 둥글고 윤이 나며, 잘 분리되기 때문이다. 강한 콘크리트를 만들기 위해서는 더 큰 틈새들 사이에서 공백을 메울 수 있도록 작은 알갱이뿐만 아니라 크고 강한 알갱이 모두를 쓰는 것이 중요하다. 둥글고 윤이 나는 알갱이는 시멘트가 알갱이 표면에 적절히 들러붙는 것을 어렵게 만든다.

지난 20년에 걸쳐 콘크리트 생산은 중국에서 네 배 성장했다. 반면 전 세계 나머지 지역에서는 50퍼센트 넘게 성장했다. 이는 모래와 자갈의 자연 매장량을 축내 왔다. 현재 유럽과 미국 동부지역의 인구가 밀집된 지역에서는 콘크리트에 쓰일 모래와 자갈 대부분이 고체 암석을 으깨어 만들고 있다. 다른 지역들은 해변과 해양의 바닥에서 점점 더 많은 모래를 얻고 있다.

어느 지역이든 모래와 자갈을 채굴하는 것은 크든 적든 환경에 영향을 미친다. 이것들이 강바닥에서 채취되면 그로 인해 강의 흐름이 바뀌게 된다. 또한 채굴 장소의 상류와 하류에

원소들의 놀라운 이야기

서 더 많은 침식을 일으킬 수 있고, 결국 강의 경로가 바뀌게 된다. 강이나 호수의 바닥에서 많은 양의 모래를 제거하면 수심이 낮아지고 궁극적으로는 주변 지역의 지하수 수심이 낮아져 농경지를 건조하게 만들기 쉽다. 해저에서 모래를 추출하면 생태계가 파괴된다. 또 시추선에서 방출되어 소용돌이치는 작은 입자들이 물을 탁하게 만들어 이 역시 생태계를 파괴한다.

모래와 자갈은 매년 우리 인간이 지구의 지각에서 추출하는 고체 물질 500~600억 톤의 70~90퍼센트를 차지하고 있다. 이 총량 중에서 1억 8000만 톤은 유리와 세라믹, 전자기기 생산이 포함된 산업계로 가고, 나머지는 건축에 사용된다. 우리는 해마다 전 세계의 모든 강이 실어 나르는 양의 두 배 이상에 해당하는 모래와 자갈을 추출한다. 이처럼 우리는 지구에서 발생하는 지질학적 과정의 영향 이상으로 지구 표면에 영향을 미치고 있다.

아랍에미리트연방의 도시 두바이는 최근 몇 년 새 굉장한 규모의 건축 프로젝트를 실행해 오고 있다. 해변에서 떨어진 곳에 인공섬인 팜 아일랜드Palm Islands와 월드 아일랜드World Islands를 건설하는 데 모래 6억 3500만 톤이 필요했다. 그 탓에 두바이에 매장된 모든 고품질의 모래가 고갈되고 있다. 비슷한 시기에 건축을 시작하여 2010년에 완공된 세계 최고층 빌딩인 부르즈 할리파 타워Burj Khalifa Tower(2700피트(828미터)의 높이로 10년이 지난 지금도 세계에서 가장 큰 빌딩이다)에는 호주에서 수입한 모래를 사용해 콘크리트를 만들어야 했다.

싱가포르는 많은 거주민이 사는 작은 섬이다. 1960~2010년 사이에 인구가 세 배로 증가했고 더 많은 사회 기반 시설을 세우기 위한 공간을 확보하기 위해 바다를 메워서 국토를 확장했다. 현재 싱가포르는 세계 최대의 모래 수입국이자 국민 1인당 가장 많은 모래를 사용하는 국가다. 싱가포르는 인도네시아 해역의 모래섬 24개를 사라지게 만든 혐의가 있다. 게다가 모래 불법 추출과 판매 분쟁을 일으키고 있는 인도네시아, 말레이시아, 태국, 캄보디아 같은 이웃 국가에서 모래를 수입하고 있다. 모래나 자갈처럼 사소해 보이는 것도 실제로는 커다란 지정학적 결과를 초래할 수 있다! 질 좋은 모래 자원의 손실은 회복하기 어렵다. 그래서 만일 사회 기반 시설을 짓고 유지하는 데 쓰일 적합한 대체 물질을 찾지 못한 채 콘크리트로 계속 건설하게 된다면, 자연 파괴가 불러올 많은 혼란과 분쟁에 대비해야 할 것이다. 우리는 이미 다른 건축 자재 생산량의 두 배에 달하는 콘크리트를 생산했다. 그러나 현재로서는 그 어떤 물질도 콘크리트를 대체하기에는 충분치 않은 상태다.

원소들의 놀라운 이야기

살아 있는 세라믹 공장들

이 행성에 살아 있는 모든 존재 가운데 물질을 생산하고 모양을 만들기 위해 엄청난 고온을 이용한 산업 처리 과정을 사용하는 존재는 인간이 유일하다. 금속 도구를 사용하는 다른 생명체는 없기 때문이다. 그래도 동물, 식물, 곤충, 박테리아는 우리가 알고 있는 가장 강력한 물질 중 일부를 생산해 낸다.

몇몇 살아 있는 유기체는 뛰어난 세라믹 물질을 만들 수 있다. 예를 들면, 우리 몸속의 세포들은 뼈와 치아를 생산한다. 또 성게의 가시와 해변에서 발견되는 조개껍데기 속 아름다운 진주층은 세상에서 가장 빼어난 물질에 속한다(비록 분필에서 발견되는 것과 똑같은 결정체로 이루어져 있지만 말이다). 이것들은 세포 안팎에서의 화학반응을 조절하는 동물들에 의해 만들어진다. 동물들은 무슨 종류의 결정체가 형성될지 그리고 이 결정체들을 어떻게 만들지 결정할 수 있다. 강철과 콘크리트처럼 서로 다른 물질들을 조합하여 우리가 얻고자 하는 힘과 탄력의 결합은 유기 분자와 무기 결정의 화합이라는, 그런 생명체들의 활동을 통해 이루어진다.

만약 지구상의 생명체에 의해 이미 만들어진 물질을 다시 만들어 낼 수 있다면, 일부 에너지만 사용하여 우리가 지금 가지고 있는 것보다 훨씬 좋은 물질을 생산할 수 있을 것이다. 이는 오늘날 주어진 거대한 연구 분야다.

　나도 박테리아를 이용해 석회암 콘크리트를 개발하는 방법을 연구하고 있다. 애초에 석회암은 살아 있는 유기체로 만들어졌다. 다만 우리 팀이 개발하고 있는 콘크리트는 강철을 통해 보강하기에는 적절치 못한 화학적 성질을 가지고 있다. 그러나 우리가 만일 콘크리트에 섞어 넣을 적절한 유기 섬유를 발견한다면, 그 물질은 커다란 구조물에 쓰일 미래의 신물질이 될 것이다. 또한 나는 낡은 구조물을 해체하며 얻은 콘크리트를 으깨고 분해해 새로운 구조물을 세울 때 재활용할 수 있는 콘크리트를 개발하려고 노력 중이다.

　세균이 만드는 콘크리트는 오늘날과 같은 에너지 사용과 이산화탄소 배출 없이 미래의 건축 과정에 사용할 수 있는 대체재 중 하나다. 나는 우리가 하는 선택이 미래의 환경과 자원 사용에 어떤 영향을 미칠지 논의하는 데 프로젝트의 많은 시간을 할애하고 있다. 우리가 성공에서 멀리 떨어져 있고 성공 확률이 그리 높지 않을지라도, 나는 내 연구를 통해 문명의 미래에 관한 연구를 하고 있어 행복하다.

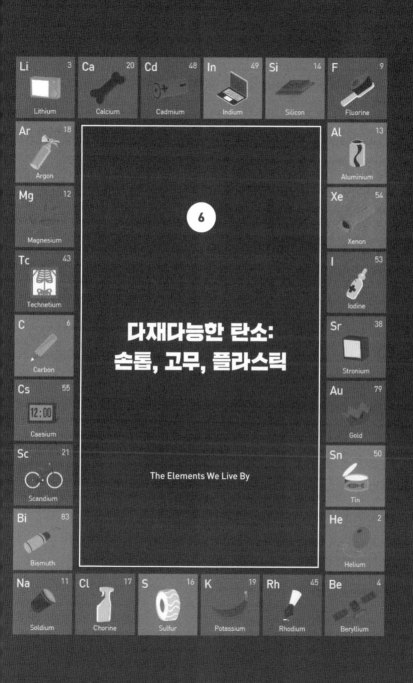

| Li 3 | Ca 20 | Cd 48 | In 49 | Si 14 | F 9 |
| Lithium | Calcium | Cadmium | Indium | Silicon | Fluorine |

| Ar 18 | | | | | Al 13 |
| Argon | | | | | Aluminium |

| Mg 12 | | | | | Xe 54 |
| Magnesium | | | | | Xenon |

| Tc 43 | | | | | I 53 |
| Technetium | | | | | Iodine |

| C 6 | | | | | Sr 38 |
| Carbon | | | | | Stronium |

다재다능한 탄소:
손톱, 고무, 플라스틱

| Cs 55 | | | | | Au 79 |
| Caesium | | | | | Gold |

| Sc 21 | | | | | Sn 50 |
| Scandium | | | | | Tin |

The Elements We Live By

| Bi 83 | | | | | He 2 |
| Bismuth | | | | | Helium |

| Na 11 | Cl 17 | S 16 | K 19 | Rh 45 | Be 4 |
| Soldium | Chorine | Sulfur | Potassium | Rhodium | Beryllium |

6

나는 가끔 헌혈하기 위해 병원에 들릴 때가 있다. 병원에 가서 사과주스를 마음껏 마시고 편안한 의자에 앉아 팔뚝의 가장 큰 혈관에 두꺼운 바늘을 찔러 넣고 기다리면 된다. 이처럼 헌혈은 당신이 쉽고 빠르게 세상에 이바지했다고 느낄 수 있는 수단이다.

헌혈을 하기 위해서는 다양한 혈액 채취 장비가 필요하다. 우선 피부를 소독하기 위한 작은 패킷이 있다. 그리고 주사기와 혈액이 흐르는 관, 혈액 검사를 위한 4~5개의 튜브가 있다. 이 모든 게 딱 한 번 사용된 후 병원 소각장으로 보내지는 커다란 봉지 속으로 사라진다.

그런 장비들을 단 한 번의 헌혈을 위해 사용하고 밀봉된 용기 속에 담아 소각해도 되는 건 건강 관리 시스템을 유지하는 데 도움이 된다. 만일 모든 장갑과 수술용 마스크, 기저귀가 재사용되어야 했다면 멸균처리를 위해 엄청난 양의 물, 화학약품, 에너지를 소비하는 거대한 사회 기반 시설이 필요했을 것이다. 우리가 오늘날 사용하는 합성 플라스틱을 이용하게 되기 전에는 그랬다. 유리 주사기와 둥근 모양의 강철 그릇, 면붕대를 사용할 때마다 소독해야 했다. 유리병에서 흘러내린 액체는 고무관을 타고 혈액과 정맥으로 주입되었다. 이것들 또한 소독하여 재사용했지만, 내구성이 떨어졌고 지속적으로 청결을 유지하기 어려웠다.

제2차 세계대전 동안 고무마개가 달린 유리병에 혈액을 보관했다. 밀폐가 제대로 되지 않은 탓에 부상병들에게 수혈하는 과정을 힘들게 만들었다. 이를 극복하기 위한 돌파구는 1950년에 개발된 부드러운 재질에 구멍이 나지 않는 플라스틱 소재의 혈액봉지였다. 지금은 혈액을 쉽고 안전하게 보관하다가 필요할 때 다른 혈액은행으로 운송할 수 있다. 이렇게 수혈이 필요한 환자에게 지속적으로 혈액을 공급하게 되면서 다양한 질병과 부상 치료법을 개발할 수 있게 되었다.

천연고무와 훌륭한 경화

플라스틱이 나타나기 전까지 천연고무는 오래가고 방수이면서 튼튼한 것이 필요할 때 사용하는 중요한 물질이었다. 고무는 아프리카와 아시아, 남아메리카에서 자라는 열대 나무의 수액으로 제조된다. 오늘날 천연고무 대부분은 아마존에서 가져온 고무나무를 재배하는 동남아시아 농장에서 생산된다.

남아메리카에서 북아메리카와 유럽으로의 고무 수출은 1700년대 말에 본격적으로 시작되었다. 이 새로운 생산품은 빠르게 다양한 용도를 찾아냈다. 직물 코팅으로서 우비, 고무호스, 자동차 타이어를 생산하는 데 사용됐다. 킬너 자Kilner Jar나 메이슨 자Mason Jar에서 1800년대 중반부터 제조한 유리단지에는 고무로 된 마개가 쓰였다. 마개는 단지를 잘 밀봉했고 그 덕에 가정에서는 냉장고나 냉동고 없이 여름 과일과 베리류를 보관할 수 있게 되었다. 동남아시아에서 자라는 나무인 구타페르카Gutta-percha에서 얻은 단단한 고무 수액으로 병마개와 골프공이 만들어졌다. 이것은 전선의 절연제로서도 이상적이었다. 1851년 영국 도버에서 프랑스 칼레까지 최초의 해저 전신 케이블을 까는 데 쓰였다. 그 후 1866년, 또 다른 해저 케이블이 대서양을 가로지르게 되었다.

고무의 구성 물질은 커다란 분자들로 이루어져 있다. 하나의 분자는 수만 개의 탄소 원자를 함유하고 있다. 이 원자들은 두 개의 원자가 각기 하나 또는 두세 개의 전자를 공유함으로써 하나 또는 두 세개의 공유된 전자쌍을 만들어 낸다는 점에서 서로 결합할 수 있는 특별한 능력이 있다. 그러한 변화는 직선이나 가지가 뻗어 있는 사슬부터 고리, 판, 튜브 모양에 이르기까지 탄소가 무수한 구조를 띠도록 해 준다. 이러한 탄소 구조는 산소와 수소 그리고 적은 양의 다른 원소와 함께 인체 장기 대다수와 다른 모든 생명체를 구성하고 있다. 총체적으로 우리는 그것을 유기 분자organic molecules라고 부른다.

천연고무는 길고 나선 모양의 탄소 사슬로 되어 있다. 그 덕에 강하고 탄력이 있다. 이 물질을 잡아 늘이면 사슬들이 각각 정돈되어 이웃 사슬을 미끄럽게 지나치기 때문에 고무 덩어리가 모양을 바꿀 수 있게 된다. 그러나 순수한 천연고무는 온도 변화에 쉽게 영향을 받기 때문에 여러 분야에 사용하기에는 적합하지 않다. 날씨가 추울 때는 탄소 사슬이 뻣뻣해져서 이웃 사슬들을 지나칠 때 미끄럽게 움직이기 어려워져 물질이 단단하면서도 부서지기 쉽게 된다. 날씨가 더울 때 천연고무는 부드럽고 유연해지지만 끈적해질 수 있다.

1800년대 중반에 화학자들은 천연고무의 특성을 개선할 방법을 찾아냈다. 고무와 황을 혼합해 가열하면 그렇지 않을 때보다 덜 녹았다. 그 대신 더 단단해졌고 신축성이 생겼으며 열과 추위로부터 영향을 덜 받게 되었다. 이것이 우리에게 경화 vulcanization라고 알려진 과정이다. 19세기 말을 향하면서 전 세계적인 '고무 러시rubber rush'가 일어났고 고무의 활용성은 엄청나게 증가했다. 예를 들면, 고무가 자전거 타이어에 쓰인 덕에 수많은 사이클리스트가 자전거를 탈 때 훨씬 편해졌다. 경화고무로 만든 자동차 타이어는 자동차 시장의 기반을 쌓는 데 도움이 됐다. 또 경화고무는 파이프와 패킹에도 사용되었으며 전신, 전화, 전력선에 사용되는 훌륭한 전기 절연체가 되었다.

이처럼 엄청난 고무 수요에는 또 다른 결과도 있었다. 콩고에서 적어도 1000만 명이 목숨을 잃은 것이다. 그 당시 콩고 자유국Congo Free State은 벨기에 왕 레오폴드 2세Leopold II에 의해 사적으로 통치되었다. 그는 콩고의 코끼리 상아 판매로 이윤을 냈다. 이 상아는 1800년대에 칼 손잡이, 당구공, 머리빗, 피아노 건반, 체스 말, 코담뱃갑 같은 일상적인 물건을 만드는 데 사용되었다. 그러나 그 소득은 콩고에 투자하면서 생긴 빚을 갚을 만큼 크지는 않았다.

고무 러시rubber rush가 시작되었을 때 시장에 나온 대부분의 고무는 고무나무 농장에서 나온 것이었다. 고무나무는 칼자국을 내 즙액을 받을 만큼 자라기까지 수년의 시간이 걸렸다. 그

원소들의 놀라운 이야기

러나 콩고에서는 정글 속에서 자유로이 자란 덩굴로부터 채취할 수 있었다. 따라서 세계 시장에 내놓을 많은 양을 생산하는데 필요했던 것은 노동력뿐이었다. 벨기에인들은 콩고 사람들을 일터로 내몰기 위해 강력한 수단을 썼다. 그들은 콩고 남자들이 일정량의 고무를 산출할 때까지 여자와 아이를 인질로잡아 두곤 했다. 아이들은 고무 생산 할당량을 달성하지 못하면 처벌로 손과 발이 잘렸다. 이처럼 이곳에는 수많은 살인이있었다. 게다가 기아, 탈진, 질병의 고통으로 수백만 명이 죽음에 내몰렸다. 이렇게 잔인했던 진실들은 탄력 있는 자전거 타이어로 주변을 누비고 다니던 서양인들에게 거의 전달되지 않았다.

초기에는 왜 고무가 황과 함께 가열되면 뛰어난 특성을 얻게 되는지 아무도 이해하지 못했다. 오늘날 화학자들은 황 원자가 개개의 탄소 사슬을 가로지르는 작은 황 가교를 형성하기 위해 뜨거운 탄소 분자들에 들러붙는다는 것을 알고 있다. 이런 식으로 고무는 물에 끓인 스파게티의 각 면발이 다른 면발들 사이에서 자유롭게 움직이듯 유연히 작용하는 것에서, 뜨개실 한 뭉치가 많은 지점에서 서로 연결되면서 탄탄한 그물망이 되는 것까지, 그 모든 기능을 보이게 됐다. 우리의 몸에서도 같은 모습을 발견할 수 있다. 우리의 손톱과 발톱은 케라

틴keratin으로 구성되어 있는데, 이 또한 황 원자들에 의해 십자형무늬로 함께 묶인 기다란 탄소 사슬로 이루어져 있다.

더 많은 황이 더 많은 연결고리를 형성한다면 더 단단하고 탄탄한 물질을 만들 수 있다. 보통 자전거나 자동차의 고무 타이어를 생산하는 경화 과정에는 3~4퍼센트의 황을 사용한다. 여기서 황 함유량이 대략 황 1과 고무 2의 비율로 증가하면 믿을 수 없을 정도로 단단한 물질을 얻을 수 있다. 흑단나무ebony와 놀라울 정도로 유사하게 보여 우리는 이 물질을 에보나이트ebonite(경화고무)라 부른다. 우리는 만년필이나 틀니처럼 단단한 물건을 대량 생산하는 데 에보나이트를 사용하고 있다.

목재에서 직물까지

나무는 자연이 만든 초고층 빌딩이라 할 수 있다. 셀룰로스cellulose(섬유소)와 리그닌lignin(목질소)이라는 두 가지 탄소 분자로부터 뻣뻣함과 힘을 얻는다. 셀룰로스는 많은 고리 모양의 포도당 분자들이 강력한 결합을 통해 서로 연결되어 나무 속기관에서 만들어진다. 분자들이 (셀룰로스 속 포도당처럼) 작은 단위의 반복으로 구성될 때는 그것을 폴리머polymer(중합체)라고 부른다. 자연에는 무수한 폴리머들이 있다. 우리 인간도 폴

원소들의 놀라운 이야기

리머로 가득 차 있다. 우리의 유전자를 구성하는 DNA와 신체에 구조와 기능을 제공하는 단백질, 손톱, 발톱의 케라틴은 모두 폴리머다.

하나의 셀룰로스 분자는 길고 직선 모양의 사슬 안에 모인 수천 개의 포도당 단위들을 포함할 수 있다. 나무에는 이러한 기다란 셀룰로스 섬유가 힘과 스트레스에 대한 저항력을 제공하기 때문에 바람이 불어도 나무는 부러지지 않는다. 셀룰로스는 가지 친 폴리머 리그닌과 섞여 있는데, 이것이 셀룰로스 분자를 제자리에 있도록 유지해 준다. 이는 보강된 철이 인간이 만든 초고층 건물에 쓰인 콘크리트에 의해 제자리에 붙들려 있는 것과 흡사하다. 리그닌과 셀룰로스의 결합은 나무의 식물세포 구조와 함께 나무에 특별한 성질을 제공한다. 이러한 성질은 가구와 도구, 종이뿐만 아니라 집과 다리를 지을 수 있을 만큼 견고하다.

천연고무처럼 셀룰로스는 이론적으로 다른 물질을 만드는 데 매우 적합한 분자여야 한다. 그러나 화학적 방법으로 셀룰로스를 가공하기는 어렵다. 이것은 물에 녹지 않고, 가열되면 분해되어 연기가 된다. 셀룰로스가 원섬유와 다른 무언가를 생산하는 데 사용될 수 있었던 것은 우연히 이것이 질산, 황산과 반응하여 가연성 물질인 나이트로셀룰로스nitrocellulose를 형성한다는 것을 알아냈기 때문일 것이다. 나이트로셀룰로스는 단단한 물질이 될 수 있는데, 이것이 주형mold에 부어지면 단추, 머리빗, 칼 손잡이 같은 물건이 만들어진다. 이런 물건들은 예전에 금속, 뿔, 상아, 거북이 등껍질 같은 광범위한 물질로 만들었다. 나이트로셀룰로스를 사용하는 최초의 주요 시장 중 하나는 당구공 제작이었다. 그전에는 상아를 사용했으므로 이 신물질이 발명되고 많은 코끼리가 목숨을 건질 수 있었다.

또 다른 나이트로셀룰로스 기반 물질은 질산염 필름nitrate film으로도 알려진 셀룰로이드celluloid였는데, 이는 영화가 처음으로 제작되었을 때 필름으로 사용되었다. 그러나 질산염 필름에는 한 가지 단점이 있다. 외부 산소 공급 없이도 탈 수 있을 만큼 충분한 산소를 포함해 가연성이 크다는 것이다. 이는 물속에서도 계속 탈 수 있다는 의미다. 이 때문에 극장에서 몇 번의 비참한 화재가 일어났다. 영화 기술자들은 화재 안전에 관한 특별 훈련을 받아야 했고, 1950년쯤 더 안전한 형태의 셀룰로스 필름이 보편화될 때까지 런던 지하철로 필름을 운송하는 것은 불법이었다. 오늘날 셀룰로이드는 여전히 일부 그림과 니스제varnish, 매니큐어, 폭발물에 사용되고 있다.

나중에 물에 셀룰로스를 녹이는 화학적 방법이 개발되었다. 이 용액이 좁은 호스 입구를 통해 뿜어져 나올 때 비스코

원소들의 놀라운 이야기

스viscose라 불리는 강력한 섬유가 만들어진다. 화학적으로 비스코스는 면cotton과 많은 부분에서 유사해서 이 섬유로 짜면 여러 옷에 사용할 수 있는 편안한 옷감이 된다. 비스코스가 직물에 사용되면 이를 레이온rayon(인조견사—옮긴이)이라고 한다. 같은 성분의 수성 용액이 압축되어 얇은 층이 되면 셀로판 cellophane이라는 투명한 필름을 형성한다. 이 필름은 습기, 기름, 박테리아에 대한 저항성을 가지고 있으므로 음식물 저장에 매우 적합하다.

과거의 플라스틱

아보카도, 오이, 벨 후추bell pepper, 토마토, 소고기 분쇄육, 냉동 생선 필레frozen fish fillet(가시를 제거한 냉동 생선 조각—옮긴이), 요구르트, 파르메산 치즈, 토르티야 등 우리가 식료품점에서 사는 거의 모든 것이 플라스틱에 포장되어 있다. 플라스틱은 두껍고 부드럽기도 하지만 얇고 부서질 것처럼 보일 때도 있다. 아보카도가 담길 수 있도록 만들어진 플라스틱에 견고한 컵 모양으로 굴곡이 있는데, 이것은 아보카도의 모양과 크기에 맞게 특별히 주조된 것이다. 플라스틱은 내용물에 멍이 들거나 다른 손상을 입는 것을 막아 주고 내부의 수분을 유지하고 산소 접촉을 차단하며 곰팡이, 세균, 바이러스에 대한 장벽으로서 기능한다. 이러한 포장이 없다면, 식품이 생산되는 나라에서 우리 지역의 상점까지 보내기가 훨씬 어려워진다. 결국 나의 쇼핑백 신세가 되고 마는 일부 플라스틱은 무익하다 해도, 적절한 포장은 식품이 운송 중에 손상되어 부엌 조리대나 상점에 도달한 후 버려지는 것을 막아 준다.

살아 있는 식물이나 동물에 의해 생산되는 탄소 분자들로부터 만들어지는 물질의 종류를 생각해 본다면, 우리가 상상하기에 따라 달라진다. 그러나 우리 주변을 둘러싸고 있는 풍부하고 값싼 플라스틱은 오늘날 지구상에서 자라나는 어떤 것에도 기인하지 않는다. 내 칫솔의 구성 요소만 해도 수백만 년 전부터 존재하던 것이다.

죽은 식물과 동물이 항상 흙이 되는 것이 아니다. 유기물질이 결국 늪이나 호수 바닥, 해저에 머물게 될 때, 그곳의 미생물이 모든 커다란 탄소 분자를 분해할 수 있을 만큼의 충분한 산소가 항상 존재하는 것은 아니다. 시간이 흐르면서 생명체의 잔여물은 먼지와 모래 그리고 자갈로 이루어진 두꺼운 층 아래에 묻혀 지구의 지각 안으로 밀려 내려갈 것이다. 그곳에서는 압력과 온도가 증가하고 커다란 탄소 분자들이 더 작은 조각으로 분해되기 시작한다. 약 2마일(3킬로미터) 아래 지점에

원소들의 놀라운 이야기

서, 분자들은 짧아져서 고체였던 것은 액체가 되기 시작하면서 바다에 살았던 작은 생명체들은 기름이 될 것이다. 게다가 일부 작은 분자들은 유기물질이 가열될 때마다 항상 형성되고, 이것은 천연가스natural gas가 된다. 공룡이나 나무 같은 커다란 유기체의 잔여물은 대부분 이 단계까지 도달하지 못하고 석탄이 된다.

인간이 기름을 추출하여 그것을 에너지로 쓰기 시작했을 때, 많은 화학자가 기름에서 발견되는 탄소 화합물로부터 플라스틱 물질을 만들어 내는 실험을 시작했다. 1907년, 벨기에계 미국인 리오 베이클랜드Leo Baekeland가 화석 원재료로부터 플라스틱을 만드는 데 최초로 성공했다. 그는 자택 뒷마당에 주문 제작한 실험실에서 만드는 데 성공하고 그 물질의 명칭을 자신의 이름을 따서 베이클라이트Bakelite라고 지었다. 이것은 단단하고 형태를 만들 수 있었으며, 전기적 구성 요소의 절연과 자동차 부품, 전화기, 칫솔을 포함하여 광범위하게 사용될 수 있었다.

점차 거의 무한한 종류의 합성(유성) 플라스틱 물질이 개발되었다. 이것들은 믿을 수 없을 정도로 강하게 만들어질 수 있고, 그 어떤 자연 기반의 물질보다 상대적으로 훨씬 저렴했으며, 대량 생산이 가능하다는 것이 공통점이었다. 셀룰로스

폴리머는 이미 일부 생산품에서 비단과 상아, 뿔과 같은 천연 폴리머를 대체하고 있었으나, 이제는 이들 합성 물질이 거의 전 분야를 떠맡게 되었다. 1900년대를 거치면서, 플라스틱 물질의 사용은 주조된 플라스틱 제품과 플라스틱 필름, 섬유, 박판 제품laminate, 접착제, 표면 코팅제에 이르기까지 널리 퍼지게 되었다.

플라스틱 물질은 꼭 커다란 탄소 분자들로만 이루어질 필요는 없다. 그을음 입자와 석회, 점토, 목재 분진과 같은 다른 물질을 포함하기도 하는데, 이들 모두는 물질에 힘과 다른 특성들을 부여했다. 서로 다른 타입의 섬유를 플라스틱에 섞어 넣는 것도 흔한 방법이고, 그 원리는 보강 강철을 콘크리트 구조물에 적용했을 때와 같다. 좋은 예는 폴리에스터polyester나 에폭시epoxy 같은 플라스틱 물질을 유리섬유와 함께 사용하는 것인데, 이 방법은 선체나 풍차 날개 같은 강하고 가벼운 물체를 주조하는 데 사용된다.

오늘날 거의 4억 톤의 플라스틱이 해마다 생산된다. 이와 비교하여 연간 세계 기름 소비량은 40억 톤이 넘는다. 즉 플라스틱 생산량이 우리가 땅에서 끌어 올리는 기름양의 10분의 1을 차지한다는 것이다. 이와 동시에 지난 150년간 제조해 온 플라스틱의 총량은 막대해졌고, 우리가 눈을 돌리는 모든 곳

원소들의 놀라운 이야기

에서 찾아볼 수 있게 되었다.

쓰레기 섬

뉴질랜드와 칠레 사이 태평양 해양 바깥쪽 어딘가에 헨더슨 섬Henderson Island이 있다. 사람이 살지 않는 이 천국 같은 곳은 유네스코 세계유산 목록에 들어갔다. 사실상 인간에게 방해받지 않고 생태계가 진화해 올 수 있었던 세계적으로 드문 산호섬 중 하나라는 사실 때문에 두드러진 보편적 가치가 있는 장소로서 등재되었다.

헨더슨 섬은 피트케언 군도Pitcairn archipelago의 일부분이다. 사람이 사는 가장 가까운 섬이 피트케언인데, 이곳에는 1789년 영국 선박이었던 HMS 바운티HMS Bounty호를 탈취한 폭도들의 후손 50명쯤이 살고 있다. 1년에 몇 번씩 거주민들은 목재를 모으기 위해 헨더슨 섬으로 70마일(110킬로미터)의 보트 여행을 떠난다. 그러나 그렇지 않을 때 섬은 혼자 남아 있다. 가장 가까운 거주지역은 3000마일(5000킬로미터) 넘게 떨어져 있다.

태평양은 거대한 바다이며 일정하면서도 큰 해류를 가지고 있기도 하다. 이 해류는 남아메리카 해안을 따라 북쪽으로 물을 움직여서 적도를 따라 서쪽으로 구부러진 후, 남쪽으로 방향을 틀어 다시 대서양을 따라 동쪽으로 이동한다. 물속의 물체들은 이 해류를 따라 운반되고 종종 이러한 큰 순환 패턴의 멈춘다. 헨더슨 섬은 사라지고 잊힌 모든 것들의 집결 장소 역할을 하는, 순환하는 커다란 수괴water mass의 변두리 지역에 있다.

우리는 해양에 많은 쓰레기가 있음을 알고 있지만 정확히 얼마나 많은 양이 있는지 말하기는 어렵다. 2015년 연구자 한 그룹이 쓰레기 조각의 수를 세기 위해 헨더슨 섬으로 향했다. 헨더슨 섬에 사람이 거주하지 않고 방문객이 거의 없다는 이유였다. 방문객도 거의 없는 데다 아무도 그것을 치우기 위해 그곳에 간 적이 없었다. 즉 섬의 해변에 있는 모든 쓰레기는 해양으로부터 온 것이라 할 수 있는 셈이다. 그러니 그곳에 있는 쓰레기 양을 측정하면 해양 쓰레기의 양이 얼마나 되는지 짐작할 순 있었다.

연구자들이 거의 3개월 동안 쓰레기를 모아 그 개수를 센 후 해답을 얻어 냈다. 가로 세로가 각 5마일, 3마일(8킬로미터, 5킬로미터)인 해변은 3770만 조각의 쓰레기로 뒤덮여 있었다. 쓰레기 더미 때문에 거북이가 둥지 구덩이를 파거나 부화 유생hatchling(알에서 갓 부화한 조류나 어류의 유생—옮긴이)이 바다로 뻗어나가는 것이 어려웠다. 심지어 소라게는 조개껍데기 대

　　　　　　　　　　　원소들의 놀라운 이야기

신 깡통을 사용하고 있었다. 그곳에 있는 쓰레기의 총 질량은 17.6톤으로 추정되었지만, 날마다 수백 개가 넘는 새로운 쓰레기 조각이 해변으로 몰려왔다.

헨더슨 섬에서 발견된 쓰레기 중 1000분의 2만이 플라스틱이 아닌, 다른 물질로 만들어진 것이었다. 금속은 가라앉는다. 플라스틱은 물에 뜬다. 나무와 종이는 미생물에 분해된다. 플라스틱이 똑같은 분자로 만들어져 있다고 해도, 천연 폴리머를 이렇게 강하고 오래 견디는 물질로 만드는 화학적 과정은 지구상의 생명체가 플라스틱을 원래의 구성성분으로 분해하는 것을 어렵게 한다. 우리가 만드는 플라스틱은 지구상에서 수백 혹은 수천 년간 존재할 수도 있다.

우리는 이 모든 플라스틱으로 무슨 일을 하나?

플라스틱이 결국 자연에 머물게 되는 것은 피하기 어렵다. 나는 종종 내 고향 오슬로에서 그런 장면을 본다. 예를 들면 플라스틱 쓰레기통에 사람들이 요구르트 컵과 햄버거 포장지를 버리고 까마귀가 마지막 음식 찌꺼기를 먹으려 쓰레기를 밖으로 꺼내는 모습이다. 포장재는 땅 위에 놓여 있다. 플라스틱은 농업 분야에서 결국 자연에 남기도 한다. 이 경우, 건초 더미 주변의 플라스틱이 항상 적절히 모여져 재활용되는 것은 아니다. 그리고 낚시와 물고기 양식을 하면서 쓰는 어구가 바다에 버려지기도 한다. 헨더슨 섬에서 발견되는 플라스틱의 6퍼센트는 어업에서 오는 한편, 11퍼센트 정도는 석유로 플라스틱을 만드는 공장에서 비닐봉지와 정원용 가구를 생산하는 공장으로 배에 실어 옮기다 버려진 작은 플라스틱 알갱이nurdles(원료 플라스틱 조각—옮긴이)였다.

해변으로 쓸려가서 모래 속에 파묻히지 않은 플라스틱은 새, 포유류, 물고기가 먹는다. 2017년 겨울, 위 속에 40개가 넘는 플라스틱 봉지가 들어 있는 고래 한 마리가 노르웨이 해변으로 쓸려왔다. 녀석은 매우 아픈 상태였기에 안락사시켜야만 했다. 자연에 존재하는 많은 플라스틱이 부서져 점점 더 작은 조각이 된다면, 바다에 사는 초소형 동물들이 먹게 된다. 그리고 식탁 위에 오를 때까지 먹이사슬 위로 이동한다. 이런 식으로 우리가 버린 쓰레기가 결국 우리 몸과 혈액, 세포 속으로 들어온다.

물론 우리가 이미 사용된 모든 플라스틱을 모아 재활용하면 가장 좋을 것이다. 많은 서구권 국가에선 가정에서 나오는 폐플라스틱을 모으는 시스템이 갖추어져 있다. 오슬로에서는 파란색 봉지에 플라스틱 폐기물을 버리는데 이것이 배에 실려 독일로 옮겨져 종류별로 분류된다. 그중 일부는 녹여져 새로운 플라스틱이 되지만, 일부는 화학 제품으로 전환된다. 불행히도 플라스틱은 재활용에 그리 적합하지 않다. 기다란 폴리머 사슬이 그물망을 이루어 묶이면 그것을 분해하여 원래의 성분으로 돌려 놓는 것이 불가능하다. 적어도 폴리머가 화학적으로 서로 연결되지 않은 플라스틱을 녹여 재사용할 수는 있다. 그러나 커다란 분자들은 고온에서 종종 분해되기도 한다. 우리가 재활용을 위해 보내는 플라스틱 속에 너무 많은 종류의 폴리머가 있는 것도 문제가 된다. 이들 서로 다른 폴리머는 유용한 물질을 만들 때 함께 섞이면 안 되는 각기 다른 성질을 가지고 있다. 그래서 오늘날 플라스틱은 주로 연소에 쓸 수 있을 만큼 분해해 무언가 태우는 일에 재활용하고 있다.

그렇다면 플라스틱을 태우는 것이 나쁜 해결책인 것일까? 플라스틱을 구성하는 탄소 화합물은 석유처럼 많은 에너지를 함유하고 있다. 따라서 석유 일부를 사용해 플라스틱을 만들어 태운다면, 오로지 석유만을 태울 때보다 어떤 면에서는 더 많은 혜택을 본다. 물론 화석연료의 연소로 탄소가 대기 중에 배출되는 것을 제한하기 위해 석유를 태우는 것을 멈추고 싶다. 그러나 우리가 직접 석유를 태우는 양이 플라스틱을 만드는 데 쓰는 양보다 훨씬 많다. 게다가 플라스틱은 무언가 태울 때 쓸 수도 있다.

그보다 큰 문제는 바로 플라스틱이 깨끗하게 연소되지 않는다는 것이다. 그렇지 않다면 우리는 벽난로에서 플라스틱을 땔감으로 사용한다는 말에 반대하지 않았을 것이다. 플라스틱은 적당한 수준의 온도에서 태우면, 인간과 자연에 해를 줄 수 있는 물질로 변한다. 결국 플라스틱을 안전하게 태우려면, 대기로의 배출을 막기 위해 안전하고 효과적인 필터를 갖춘 고온의 산업용 용광로에서 태워야 한다.

분해성 플라스틱은 폐기물 문제에 대한 또 하나의 해결책으로 제시되어 왔다. 화석연료 물질과 셀룰로스 같은 재생 가능한 물질을 사용해 미생물로 분해할 수 있는 플라스틱을 만들 수 있다. 앞으로 우리에게 주어진 도전 과제는 힘과 내구성, 물과 산소에 대한 불침투성이라는 우리가 원하는 특성이 있고, 사용 후 미생물에 의해 분해될 수도 있는 플라스틱 물질을 만드는 것이다. 게다가 오늘날 우리가 시장에서 찾고 있는 일부 분해성 플라스틱 물질은 정말 무시무시하다. 맨눈으로 더 이상 그것들을 볼 수 없을 때까지 분해될 수 있기 때문이다. 그러나 엄밀히 따지면 마이크로플라스틱으로 알려진 작은 플라스틱 입자 형태로 여전히 흙 속에 남아 있게 된다. 분해성 플라스틱이 환경에 안전하려면, 폴리머가 분해되어 자연적으로 흙

원소들의 놀라운 이야기

과 물속에 존재하는 작은 분자로 변할 수 있어야 한다.

　분해성 플라스틱은 재활용을 위해서가 아니라 사용 후 쉽게 폐기하기 위해 만들어진다. 이 플라스틱은 사용한 후 재활용하여 새로운 물질이나 에너지로 쓸 수 없다. 미생물이 먹을 수 있는 생분해성 플라스틱은 우리가 이 세상에 있는 플라스틱을 모두 수거할 수 없음이 확실해질 때를 위해 준비해야 할 것이다. 다른 한편으로는, 휴대전화 같은 다른 응용 분야에서는 제품 생산에 사용된 플라스틱이 재활용되거나 재사용될 수 있다는 사실이 매우 중요하다.

기름에서 만들어진 플라스틱

플라스틱은 어디에나 있다. 치약 튜브와 부엌 조리기구, 가구, 옷, 자전거, 자동차, 전화기, 컴퓨터에도 플라스틱이 사용된다. 인간이 석유로 만든 플라스틱을 사용하기 전에는 플라스틱을 대신할 물질을 얻기 위해 수백만 마리의 거북이와 코끼리가 인간에게 죽임당했다. 그 당시 지구상에 약 15억 명의 인구가 있었다. 오늘날에는 70억 명 이상이 존재한다. 플라스틱 생산은 21세기 말까지 연간 10억 톤으로 증가할 것이다. 이렇게 많은 플라스틱 생산을 감당하려면 오늘날 연간 석유 생산량의 4분의 1이 필요하다. 우리가 화석연료로부터 플라스틱 만드는 것을 멈춘다면 세상에는 무슨 일이 생길까?

우리는 이미 셀룰로스와 다른 천연 폴리머를 사용하여 플라스틱 제품을 생산해 오고 있다. 예를 들면 최초의 레고Lego는 셀룰로스로 만들어졌다. 여러 방식으로 단일 셀룰로스 섬유를 생산할 수 있다. 이것을 다른 폴리머와 결합하면 매우 훌륭한 물질로 만들 수 있다. 마찬가지로 강한 섬유조직이 키틴질chitin로 만들어질 수 있는데, 이 물질은 새우와 게의 외피에서 발견할 수 있다. 또한 과학자들은 나무에서 얻을 수 있는 리그닌lignin이나 식물성기름에서 나온 폴리머를 가공하여 플라스틱 제품을 만드는 일을 연구하고 있다. 이들 원료는 천연고무와 구타페르카보다 자연에 훨씬 더 풍부하다. 이론적으로는 천연 원료로부터 우리가 필요로 하는 모든 생산품을 만드는 것이 가능할 것이다.

미생물을 이용하여 새로운 폴리머를 만들 수도 있다. 우리는 젖산으로 만드는 플라스틱을 구매할 수 있다. 젖산은 설탕과 녹말을 먹는 박테리아나 곰팡이를 통해 생산할 수 있다. 또 어떤 한 박테리아는 뛰어난 셀룰로스 섬유를 생산할 수 있다. 과학자들은 화산 내부나 심해와 같은 극한의 조건에서 사는 생물 형태를 연구한 끝에 산업 공정에서도 잘 활약할 만큼

원소들의 놀라운 이야기

튼튼한 생물을 발견했다. 생명공학의 눈부신 발전으로 우리는 박테리아와 곰팡이 유전자를 조작할 수 있게 되었다. 우리는 원하는 것을 더 많이 생산하고 새로운 물질도 만들어 낼 수 있게 됐다.

과학계와 산업계는 재활용 가능한 폴리머 원천을 찾아내고 있다. 이를 통해 여러 물질을 생산할 수 있을지 그 가능성을 탐험하는 단계에 놓여 있는 것이다. 지난 세기에 걸친 석유 제품 생산의 경우와 마찬가지다. 그뿐만 아니라 생태계에 과부하를 주지 않고, 식량 생산에 차질을 주지 않으면서 우리에게 필요한 플라스틱을 생산할 수 있는 식물 기반 원료를 얻는 방법도 연구해야 한다. 우리가 어떻게든 이 모든 것을 해낸다면, 오늘날 우리가 플라스틱으로 누리는 모든 혜택을 우리 후손도 누릴 수 있을 것이다.

Li 3 Lithium	Ca 20 Calcium	Cd 48 Cadmium	In 49 Indium	Si 14 Silicon	F 9 Fluorine

Ar 18
Argon

Al 13
Aluminium

Mg 12
Magnesium

Xe 54
Xenon

Tc 43
Technetium

I 53
Iodine

7

C 6
Carbon

Sr 38
Stronium

칼륨, 질소, 인: 우리에게 음식을 제공하는 원소들

Cs 55
Caesium

Au 79
Gold

The Elements We Live By

Sc 21
Scandium

Sn 50
Tin

Bi 83
Bismuth

He 2
Helium

Na 11 Soldium	Cl 17 Chorine	S 16 Sulfur	K 19 Potassium	Rh 45 Rhodium	Be 4 Beryllium

우리 주변을 둘러싸고 있는 사물을 만들기 위해 이 행성의 원소들을 이용한다는 사실은 너무나 잘 알 것이다. 그러나 정작 우리 몸을 이루기 위해 암석, 물, 공기에서 온 원소를 이용한다는 사실에 대해서는 그닥 잘 알려지진 않은 것 같다. 이 원소들을 추출하여 비료를 생산할 수 있다. 비료는 식물을 성장시키며 그 일부가 된다. 우리는 그런 식물을 먹거나 식물을 먹고 자란 동물을 섭취하여 원소를 우리 몸에 가져온다. 이들 원소는 비료의 이름에서 정체를 알 수 있다. 비료는 흔히 NPK라는 이름으로 불린다. 이는 식물에 공급되는 가장 중요한 원소인 질소N, 인P, 칼륨K의 화학 명칭을 따서 지은 것이다.

원소들의 놀라운 이야기

사해로의 여행

2016년 가을, 나는 이스라엘과 협력하는 유럽 연구 프로젝트
의 회의에 참석하기 위해 생전 처음 이스라엘을 방문했다. 이
스라엘측 파트너는 사해Dead Sea 주변에 있는 호텔에서 회의를
개최한다고 말했다. 그곳이라면 연구자들이 주변 상황에 방해
받지 않고 일주일간 함께 긴밀히 논의하고 작업할 수 있을 거
라 여겼기 때문이다..

　나는 그 지역을 방문했던 적이 없었다. 그래서 우리가 가게
될 장소를 미리 확인하기 위하여 출발 전에 구글 지도를 찾아
보았다. 솔직히 말하자면 그 지역은 좀 이상해 보였다. 사해는
가느다란 육지에 의해 북쪽에 하나, 남쪽에 하나, 이렇게 두 부
분으로 나뉘어 있다. 북쪽 부분은 사막에 둘러싸인 평범한 호
수처럼 보인다. 한편, 남쪽의 호수는 이제껏 본 적 없는 모양
을 하고 있다. 마치 토지 구획처럼 직선으로 경계 지어진 여러
지역으로 나뉘어 있다. 이 선들 사이의 물은 청록색turquoise에
서 짙은 파란색에 이르는 색을 띠고 있고, 호수의 중간을 관통
해 이어지는 이스라엘과 요르단 사이의 국경은 짙은 색의 길
고 가느다란 육지에 의해 두드러져 보인다. 나는 왜 이런 패턴
이 나타났는지 궁금해졌다.

　텔아비브 주변을 관광하는 데 며칠을 보내고 난 후 버스를

타고 사해로 가는 먼 길을 출발했다. 건조하고 평평한 사막만이 보이는 도로를 지나 해안 절벽길에 도달했다. 사진을 통해 봤던 모습 그대로였다. 우리는 푸른 비단 같은 호수를 향해 가파르게 아래로 향했다. 해수면 높이에 있음을 알리는 표지판이 보였지만, 여전히 길은 아래를 향하고 있었다. 마침내 우리가 도로 끝에 도달했을 때, 우리는 그곳에서 커다란 수조와 컨베이어벨트, 파이프가 갖춰진 산업용 공장을 볼 수 있었다. 호수 속에 곧은 선들이 보였다. 청록색 물 조각들 사이에서 앞뒤로 뻗은 거대한 기계설비의 긴 제방이었다.

사해는 남쪽과 북쪽으로 나뉘며 많이 달라졌다. 원래 사해는 증발하는 양만큼의 물이 호수로 유입되어 커다란 하나의 호수를 이루고 있었다. 비록 표면이 해수면보다 약 1300피트(400미터) 낮긴 했지만 말이다. 그런데 이스라엘에 이어 요르단과 시리아가 양수 시설을 지어 사해로 들어오던 요르단강의 물을 배수관으로 끌어와 농업용수와 지역용수로 사용하기 시작한 1960~1970년대부터 변하기 시작했다. 오늘날 사해 표면은 양수 시설이 건설되기 전보다 약 130피트(40미터) 이상 낮아졌다. 최근에는 수위가 연간 3피트(1미터) 정도씩 낮아지고 있다. 그렇게 사해는 지금처럼 북쪽과 남쪽이 완전히 분리되어 버렸다.

원소들의 놀라운 이야기

수심이 깊어봐야 몇 미터 수준인 사해 남쪽은 현재 거대한 광물 추출 공장으로 변했다. 자연 증발로 인해 지구상 그 어떤 바다나 호수보다 짠 사해의 물에는 다양한 광물이 녹아 있기 때문이다. 물을 얕은 못에 가두면 증발속도가 빨라진다. 빨래를 젖은 더미에 두지 않고 널어 둘 때 더 빠르게 건조되는 것처럼 말이다. 증발은 태양에 의해 가열되어 수증기로 사라지는 물 표면에서 일어난다. 그 물에 녹아 있던 소금은 결정체가 되어 침전하기 시작한다. 이러한 과정에서 먼저 염화나트륨(식탁에 두고 섭취하는 소금)과 염화칼슘(도로 제설제로 쓰인다)이 만들어진다. 결정들은 못의 바닥에 가라앉아 소금 껍질salt crust을 형성한다. 그 물을 근처에 있는 댐으로 옮겨 증발시키면 광로석carnallite 결정이 형성된다. 이를 모아 호수 가장자리에 위치한 공장으로 운송한다. 광로석은 칼륨을 함유하고 있어 그 가치가 크다. 식물을 키우는 데 필요한 비료는 칼륨을 함유하고 있는 이 광로석으로 만들고 있다.

우리 신경 속의 영양분

칼륨은 물에 쉽게 용해되는 원소다. 이는 (전자를 잃으려는 성질이 있어서) 물에서 발견되는 다른 원자로 전자 하나를 방출하기 때문이다. 이로써 칼륨은 양전하를 띤 채로 물 분자들에 둘러싸여 주변을 떠다닐 수 있다. 인체에서 칼륨은 매우 중요한 역할을 한다. 전기 신호를 신경 통로를 통해 전달되게 하는 역할을 하기 때문이다. 내가 사해를 쳐다볼 때, 내 안구를 때린 빛은 시신경의 작은 통로를 통해 칼륨이 신경세포로 들어오고 나가도록 하는 반응을 유발한다. 이 반응은 시신경을 통해 뇌에 전달한다. 그리고 칼륨 신호가 뇌세포에 빛의 속도로 보내어지고, 내 기억에 사해의 이미지가 저장된다.

칼륨은 수용성이다. 우리가 땀을 흘리거나 소변을 보고 눈물을 흘릴 때, 몸 밖으로 소량의 칼륨이 배출된다. 칼륨을 우리 몸 안으로 다시 들어오게 하는 유일한 방법은 칼륨을 함유한 식물이나 그 식물을 먹은 동물을 섭취하는 것이다. 이 원소는 식물이 뿌리를 통해 흙 입자 사이에 존재하는 수분을 섭취할 때 식물 속으로 들어오게 된다. 만약 그 물이 칼륨을 함유하고 있지 않다면, 식물은 잘 자랄 수가 없다.

식물과 동물이 죽어서 땅에 묻히면 크고 작은 생물에 의해 분해된다. 살아 있는 식물의 뿌리는 죽은 물질에서 발견되는 영양분을 흡수한다. 이런 식으로 칼륨은 한 생명체에서 다른 생명체로 무한히 순환할 수 있다. 그러나 어느 특정한 하나의 숲으로 지역을 한정해 본다면, 항상 그런 것은 아니다. 결국 일

원소들의 놀라운 이야기

부 영양분이 그 지역에서 사라지는 것은 피할 수 없다. 예를 들어, 동물이 거처가 있는 숲에서 식물을 먹다가 다른 숲에 가서 죽는 경우가 있다. 또 나무에서 떨어진 나뭇잎이 바람에 날려 다른 곳으로 옮겨질 수 있다. 영양분이 될 흙이나 동식물의 잔여물이 개울이나 강에 실려 바다로 운반될 수 있다.

오랜 시간에 걸쳐 다양한 방법으로 숲에서 칼륨이 손실되면 숲의 생명체 수는 감소한다. 다행인 사실은 그 외에도 다른 칼륨의 원천이 존재한다는 것이다. 그것은 바로 숲에 존재하는 바위다. 특히 암반bedrock은 생명체에 필요한 많은 영양분을 함유하고 있다. 아마도 이 암석은 한때 해양의 바닥이었을 것이다. 어쩌면 아주 오래전에 존재하던 숲의 미세한 잔해가 산재해 있는 바위일 수도 있다. 이 바위가 풍화작용을 겪어 잘게 부서지면, 서로 다른 종류의 곰팡이와 박테리아가 매우 작은 광물질 입자 표면에서 작용하여 생명체를 유지하는 데 필요한 영양분을 방출할 수 있다. 바위의 풍화작용에서 오는 영양분의 공급보다 영양분의 손실이 커지지 않는 이상, 그 지역에서 생명체가 영원히 순환할 것이다.

그러나 인간이 농사를 하는 농경지에서는 상황이 많이 다르다. 들판에서 곡식을 경작할 때 중요한 점은 식물이 태양으로부터 에너지를, 공기 중에서 탄소를, 흙으로부터 영양분을 흡수하게 하는 것이다. 그렇게 곡식을 키운 다음 들판에서 곡식을 운반해야 한다. 경작한 토양에서는 암반 풍화작용을 통한 영양분의 보충이 경작으로 손실되는 영양분을 대체할 수 없다. 보충되는 속도가 너무 느리기 때문이다. 우리는 식물에 퇴비를 주고, 동물의 분변으로 흙을 기름지게 하여 토양의 영양분을 회복할 수 있지만, 식량을 생산할 때 써 버리는 영양분을 토양에 다시 채우기는 쉽지 않은 일이다.

토양의 힘을 지속적으로 유지하기 위해 우리가 할 수 있는 일은 식물이 공기, 물, 산으로부터 영양분을 더 쉽게 얻을 수 있는 환경을 조성하는 것이다. 우리는 그 일을 화학적 비옥화 chemical fertilization라고 부른다. 이처럼 우리는 영양분을 흙에 공급하고 조절하는 방법을 통해 지구의 다른 모든 생명체와 달리 먹고사는 문제에서 많이 자유로워졌다. 그러나 이것이 미래를 위한 진정한 해결책이 될 수 있을까? 우리가 이 원소들 중 일부를 다 써 버릴 가능성도 있을까?

물에서 오는 칼륨

칼륨은 우리 주변 어디에나 있다. 칼륨은 빗물을 포함하여 지구 표면에 존재하는 모든 물에 용해된 채로 발견된다. 소금기

원소들의 놀라운 이야기

가 있는 바닷물은 빗물이나 강, 호수에 있는 담수보다 훨씬 많은 칼륨을 함유하고 있다. 그렇다면 바다에서 칼륨을 추출하면 어떨까. 굳이 노력할 만한 가치는 없어 보인다. 바닷물 속 칼륨 농도는 매우 낮은 편이기 때문이다. 땅을 비옥하게 할 화학비료를 만들려면 농축된 원천이 필요할 것이다.

오늘날 칼륨은 수십억 년에 걸쳐 바닷물이 증발해 온 장소에서 추출된다. 칼륨 매장량 대부분은 소금 호수의 잔존물인 두꺼운 소금층 형태로 땅속에서 발견된다. 만약 소금층이 지표에서 멀리 떨어지지 않은 위치에 있으면 다른 원소를 찾을 때처럼 쉽게 발견할 수 있을 것이다. 그러나 상당량의 매장물이 매우 깊은 곳에 있다. 그 탓에 지각 속으로 약 1킬로미터 가량을 기계로 파고 들어가야 해 채굴 비용이 많이 든다. 다행히 칼륨은 물에 매우 쉽게 용해되는 특성이 있다. 그래서 이 문제는 깊은 소금층에 물이 들어가게 하면 해결할 수 있다. 물을 다시 표면으로 퍼오르면 물에 녹은 소금이 운반되는 셈이 된다. 또 칼륨은 염전처럼 얕은 저수지 형태로 축적할 수 있다. 이후 칼륨은 내가 사해에서 보았던 광물 추출 공정과 같은 방식으로 추출된다. 인공위성 사진을 보면, 이러한 칼륨 광산은 아름답지만 죽어 있는 청록색의 푸른 못으로 둘러싸인 산업 공장처럼 보인다. 캐나다는 세계에서 가장 큰 칼륨 생산국이고 러시아, 벨라루스, 중국이 그 뒤를 잇는다. 이곳들에서 추출되는 칼륨의 5퍼센트만이 비료 외 다른 목적으로 사용된다.

지질학 보고서에 언급된 칼륨의 축적량은 (오늘날의 소비율을 고려했을 때) 앞으로 겨우 100년 정도 더 쓸 수 있는 양이 있음을 가리키는 데도 불구하고, 실제로 평가된 자원은 수천 년 동안 칼륨을 생산할 수 있을 만큼 많다. 그러나 이들 대부분은 지구 표면 아래 상당히 깊은 곳에 존재한다. 미래에 대한 도전 과제는 충분한 칼륨을 발견하는 것이 아니라, 쓸모 있는 것을 추출할 수 있는 충분한 양의 에너지와 물을 확보하는 것이다.

일부 국가들은 운 좋게도 풍부한 양의 깨끗한 물을 가지고 있다. 그러나 여전히 세계 많은 지역에서 물은 희소한 자원이다. 내가 사해를 방문 중일 때, 호텔 주변의 꽃과 나무, 잔디가 어떻게 산업 폐수가 공급되는 배관망으로부터 물을 얻는지 볼 수 있었다. 각각의 꽃마다 하나의 구멍으로 물이 공급됐고, 해골 모양의 커다란 표지판이 있어서 목마른 관광객들이 한 모금도 마실 없게 해 놓았다.

우리는 식량을 생산하고 마실 수 있는 깨끗한 물이 필요할 뿐만 아니라, 땅에서 금속과 다른 원료를 추출하고 비료를 만들기 위해서도 그러하다. 자연은 두 가지 방식으로 우리를 위해 깨끗한 물을 생산해 낸다. 하나는 태양이 바다로부터(혹은

원소들의 놀라운 이야기

칼륨 광산에 마련된 증발 수조에서) 수분이 증발하게 하는 것이다. 수증기는 육지 위의 기류를 통해 운반되어 비가 되어 내리고, 사용할 수 있도록 개울이나 강에 모인다. 게다가 자연은 더러운 물을 정화할 수 있는 자체적인 필터를 가지고 있다. 물이 땅을 통과해 흐를 때, 박테리아와 다른 미생물이 물에 용해된 물질을 분해한다. 다른 이물질들은 물이 흘러 지나갈 때 모래나 점토에 들러붙을 것이다.

오늘날 우리는 자연이 날마다 우리를 위해 정화한 물을 사용하는 것뿐만 아니라, 수천 년 전에 정화되어 지하수 형태로 땅 깊은 곳에 저장된 물을 사용하기도 한다. 이들 오래된 대수층 몇몇은 표면으로부터 빗물의 보충 작용이 너무 느려서 우리가 그것들을 끌어다 쓰는 양을 보완할 수가 없다. 일부 지역에선 깨끗한 물의 자연적인 원천이 매우 희소해서 소금기가 있는 바닷물을 정화할 필요가 생겼다. 하지만 이것은 상당한 양의 에너지를 요구한다. 우리의 물과 에너지, 비료에 대한 필요는 서로 밀접하게 연결되어 있다.

공기에서 온 질소

NPK 비료의 첫 번째 요소인 질소(N)는 우리 체중의 약 3.2퍼센트를 차지하고 피부, 머리카락, 근섬유, 인대, 연골을 이루는 큰 분자에서 중요한 역할을 한다. 또한 신체의 모든 화학반응 과정을 조절하는 분자들의 일부이기도 하다. 질소가 없다면 인간의 몸은 기능하는 것이 불가능하다.

우리가 들이마시는 공기는 대부분(78퍼센트) 질소로 이루어져 있어서 항상 질소가 우리에게 충분히 있다고 생각할 것이다. 문제는 대기 중의 질소 가스가 서로 강력하게 결합한 두 개의 원자로 이루어졌다는 사실이다. 신체는 질소 원자들을 서로 떨어뜨려 사용할 수가 없으므로 우리는 단순히 질소를 들이마시고 다시 내뱉는다. 그러므로 우리가 먹는 음식물을 통해서 필요한 질소를 얻어야 한다.

지구상의 생명체에 있어서 다행인 점은 질소 분자 속의 결합을 깨뜨릴 수 있는 박테리아가 있다는 것이다. 이 박테리아는 방출된 질소 원자들을 수소나 산소 중 어느 한 원자 세 개와 결합하게 한다. 그리고 이 화합물이 물에 녹으면 식물에 흡수되어 사용된다. 클로버 같은 일부 식물들은 그런 박테리아가 뿌리 속의 특별한 덩이줄기 안에서 살도록 해 주기도 한다. 클로버는 박테리아가 안전하고 유익하다는 사실을 알고 있으며, 그에 대한 보답으로 성장에 필요한 질소를 안정적으로 공급받는다. 클로버가 죽으면, 식물체 속에 저장된 질소는 인접해서

원소들의 놀라운 이야기

자라고 있는 다른 식물들에 의해 사용될 수 있다.

질소는 기체 형태로 존재하기 쉬운 원소이고, 이런 이유로 죽은 식물과 동물이 분해되면 사라져 눈에 보이지 않기 쉽다. 당신은 간이 이동식 화장실과 축사에 퍼져 있는 자극적인 암모니아 냄새를 인지할 수 있을 것이다. 암모니아는 질소와 수소로 이루어져 있고 유기물질의 분해 과정에서 형성될 수 있다. 이러한 대기 중으로의 질소 흐름은 흙 속 유기체의 존재를 특히나 중요하게 만든다. 이 유기체가 다시 공기로부터 질소 추출을 할 수 있기 때문이다.

미생물의 관여 없이 대기 중의 질소를 식물이 이용할 수 있게 만드는 유일한 자연 과정은 번개가 내리치는 것이다. 번개가 칠 때, 매우 많은 에너지가 방출되어 공기 중의 질소와 산소가 서로 반응하여 새로운 분자를 형성한다. 1900년대 초에 노르웨이 물리학자 크리스티안 비르켈란Kristian Birkeland과 공학자 샘 에이드Sam Eyde는 실험실에서 전기를 사용하여 인공적인 번개를 발생시켜 이 과정을 모방할 수 있음을 발견했다. 이것이 생물학적 과정보다 한 수 위가 되어 공기로부터 직접적으로 질소 비료를 생산해 낸 최초의 경우였다. 비르켈란-에이드법Birkeland-Eyde process으로 노르웨이 에너지 회사인 노르스크 하이드로Norsk Hydro는 수력 발전에서 얻은 전기로 비료를 생산할 수 있었다. 이 회사의 비료 생산은 여러 면에서 혁명적이었고 20세기 전반에 걸쳐 세계 식량 생산의 엄청난 증가를 위한 초석을 쌓는 데 도움이 되었다. 그런데도 이 과정은 더 저렴한 하버-보슈법Haber-Bosch process으로 대체되었고, 이는 화석연료에서 얻은 가스인 이른바 천연가스natural gas에 기반을 두고 있다.

하버-보슈법에서 천연가스는 우리에게 질소 원자들 간의 강한 결합을 깨뜨리기 위한 에너지뿐만 아니라 자유로워진 질소 원자들이 결합할 수 있는 수소 원자를 제공해 준다. 완전하게 순수한 이산화탄소가 부산물로 생산되고 맥주 생산과 용수 처리장에 쓰이기 위해 판매되고 있다. 오늘날 전 세계적으로 농업에서 재배하는 식물에 의해 흡수되는 질소의 절반 이상이 비료에서 온다. 우리 인간은 산업적 방법을 사용하여 생산된 질소를 가지고 우리 몸을 구성하는 일에 탐닉해 왔다. 우리는 얼마나 오랫동안 이런 식으로 계속할 수 있을까?

만약 오늘날 알려진 천연가스 비축량이 단지 비료 생산만을 위해서 사용된다면, 그것이 모두 바닥날 때까지 약 1000년 동안 충분한 양의 질소 비료를 만들 수 있을 것이다. 지금은 오늘날 매장되어 있다고 알려진 것보다 더 많은 양의 천연가스가 있을 것으로 추정된다. 이와 동시에, 천연가스가 비료를 생산하는 것 외에는 전혀 사용되지 않으리라 생각하는 것은 현

원소들의 놀라운 이야기

실적이지 않다. 석유와 가스 매장량이 점점 더 적어지고 비싸짐에 따라, 천연가스는 다양한 화학 공정을 위해 훨씬 더 수요가 많은 물질이 될 것이다. 그러므로 결국 우리는 1000년이 지나가기 전에, 천연가스 외의 다른 무언가로부터 질소 비료를 생산해야 할 것이다.

심지어 우리는 이미 이러한 생산 과정의 대체법 개발을 위해 열심히 연구하고 있다. 한 가지 전략은 질소 분자를 쪼개기 위해, 그리고 물 분자를 쪼개서 질소와 반응할 수 있는 수소를 생산하기 위해 태양에너지를 사용하는 것이다. 다른 방법은 예전의 비르켈란-에이드법을 더 에너지 효율적으로 만들기 위해 연구개발을 하는 것이다. 몇 년 후에는 농부들이 지붕 위의 태양전지를 사용해 자신들만의 질소 비료를 생산할 수도 있을 것이다.

박테리아는 많은 에너지를 요구하지 않으면서도 질소 가스가 수소와 반응하게 만드는 유기 분자를 생산하여 질소를 포획한다. 분자들은 어떻게 해서든지 원자들을 제 위치에 잘 있게 한다. 인간이 박테리아와 식물 양쪽의 유전자를 편집하는 유용한 도구를 개발하기 시작했으므로, 우리는 농작물이 스스로 공기로부터 질소를 더 잘 포획하게 하거나, 클로버처럼 특별히 맞추어진 박테리아와 새롭게 더 잘 협동하도록 하려고 농작물을 변화시킬 가능성이 있다. 유전학적으로 변형된 이들 식물은 이론적으로는 질소 비료 없이도 우리가 필요로 하는 모든 식량을 재배할 수 있어야 한다. 식량 생산에서 질소를 둘러싼 문제는 아직 기술적 도전 과제다. 하지만 이에는 가능한 해결책이 많다. 다시 말해서, 우리가 질소를 모두 고갈시킬 일은 없을 것이다.

암석에서 나오는 인

없어서는 안 될 요소 중 마지막인 인P은 대기 중에선 발견되지 않는다. 물에서도 그리 많은 양이 발견되지 않는다. 광물질의 표면에 들러붙는 경향이 있고 물에 용해되는 것보다 고체 형태로 있는 것을 더 좋아하기 때문이다. 그러므로 우리는 인을 거두어들이기 위해서라면 고체 암석에 눈을 돌릴 필요가 있다.

인은 성인 인체 무게의 약 1퍼센트를 차지하고, 그 대부분은 골격에서 발견된다. 그러나 이 또한 골격 구조가 아니라도 유기체 내에서 중요한 역할을 담당하고 있다. '현재의 나'라고 할 수 있는 내 몸이 만들어진 방법은 화학적인 언어로 각각의 세포 안에 쓰여 있다. 화학적 알파벳은 겨우 네 개의 문자로 이

원소들의 놀라운 이야기

루어져 있고 이 문자들은 꼬인 사다리처럼 보이는 기다란 분자의 계단을 구성하고 있다. 인 원자는 사다리의 계단이 서로 연결되게 해 준다. 인이 없다면 DNA도 없고 생명 또한 존재할 수 없다.

사람의 소변이나 가축에서 오는 비료용 뼛가루bone meal 같은 인의 원천은 전 세계적으로 수 세기 동안 비료로 사용되어 왔다. 그러나 1800년대 중반, 농부들은 지질학적 매장물에서 나온 인을 사용하기 시작했다. 첫 번째로 수지가 맞는 원천은 구아노guano라고 불리는 새의 분변인데, 이것은 바닷새들이 수천 년 동안 번식해 온 일부 섬에서 엄청난 양으로 발견된다. 이들 화석화된 새 분변의 매장물이 대규모로 추출되었지만, 매장량에 한계가 있어서 곧 구아노에서보다는 암석에서 더 많은 인이 생산되었다.

1960년대 이후로 가축이나 식물 잔해보다 지질학적 원천에서 더 많은 인을 포함하고 있는 흙이 공급되고 있다. 그리고 오늘날에는 이들 생물학적 처리 과정에서 재활용되는 것보다 세 배가 넘는 양의 지질학적 인이 공급되고 있다. 오늘날 만약 우리가 암석으로부터 인 생산을 멈추고자 한다면, 현재 수준의 4분의 1로 식량 생산을 줄여야 한다. 지질학적 인은 유기 농업에 쓰이기도 하는데 보통은 분쇄된 암석 형태다. 전통적인 농업에서는 인을 가능한 한 이용하기 쉽게 하는 다양한 화학적 과정으로 암석을 처리한다.

오늘날 소수의 나라가 인의 원천을 지배하고 있다. 가장 크고 가장 중요한 국가는 모로코, 미국, 중국이다. 모로코 단독으로 세계에 알려진 인 매장량의 3분의 2가 넘는 양을 다루고 있다. 서부 사하라의 분쟁지역들에 이와 같은 큰 비율의 인이 존재하는데, 만약 그들이 모로코로부터 독립한다면 세계에서 두 번째로 큰 인 저장고가 될 것이다. 많은 이들이 미래에 모로코가 인에 대한 독점권을 행사할 가능성이 크고, 그래서 어떤 면에서는 전 세계 식량 생산에 대한 통제권 행사를 우려하고 있다.

해저 일부 장소에 인이 매우 풍부하여 그것을 추출하면 커다란 이윤이 남는 침전물이 있다. 예를 들자면, 이러한 유형의 큰 매장량은 뉴질랜드와 나미비아의 해안에서 떨어진 곳에 있다. 해저로부터 인을 추출하기 위해서는 침전물 꼭대기 층을 선박으로 끌어올려야 하고, 인 입자를 여기서 분류한 후 남은 물질은 다시 해저로 되돌려 보낸다. 이러한 과정은 인을 추출하는 동안 해저의 생태계를 파괴한다. 그리고 이 과정을 지지하는 사람들은 생태계가 빠르게 되돌아갈 수 있다고 믿고 있지만, 이것이 결국 바다 생태계에 얼마나 피해를 줄지에 관

원소들의 놀라운 이야기

한 불확실성 때문에 지금까지도 이 프로젝트는 시작되지 못하고 있다.

서류로 입증된 인의 매장량은 오늘날의 사용 속도로 300년 넘게 지속될 수 있을 만큼 충분히 크다. 그러나 인의 소비가 증가하고 있고 다가올 미래에도 인구 성장에 비례하여 계속 증가할 것으로 예측된다. 일부 과학자들은 앞으로 100년 이내에 식량 생산을 위한 인의 극적인 부족 상태에 직면할 것이고, 불과 몇 십 년 후에는 전 세계적으로 증가하는 식료품 가격의 형태로 이러한 사실을 체감할 것이라고 경고한다. 또 다른 이들은 오늘날의 소비 수준이라면 앞으로 1100년 이상에 걸쳐 인을 추출할 수 있다고 믿고 있다. 즉 아직 측정되지 않은 매장량이 존재할 것이라고 확신하는 경우라면 그렇다는 뜻이다.

전 세계 광산에서 추출된 인의 고작 20퍼센트만 우리가 먹는 음식물로 들어오게 된다. 나머지는 도중에 어딘가로 사라진다. 일부는 광산 자체 내에서 벌써 사라져 버린다. 또 일부는 비료의 운송과 분배 과정에서, 그리고 인 암phosphate rock의 화학적 처리 과정 도중에 사라진다. 다른 일부는 식물 병과 폭풍우, 화재의 결과로 농작물이 죽을 때 사라진다. 실제로 인간의 음식물에 들어가는 인 중에서 3분의 1은 먹을 기회도 없다. 우리가 토양에 공급하는 인은 항상 토양을 구성하는 입자들에 달라붙을 것이므로, 우리가 추출하는 양의 절반쯤에 해당하는, 인의 가장 큰 손실은 토양 손실을 통해 일어난다.

우리 행성에 경작할 수 있는 토양은 최초의 살아 있는 유기체들이 바다에 나타난 이후로 계속 쌓이고 있다. 표층이 만들어지려면 영양분이 방출되기 위해 그 밑의 암석이 부서져 분해되어야 한다. 박테리아와 곰팡이, 지렁이 같은 크고 작은 생명체는 암석으로부터 나온 영양분이 죽은 동식물의 유기물질과 함께 섞여 있다는 것을 잘 알고 있다. 통틀어 얘기하자면, 자연이 1인치(2.5센티미터) 두께의 표층을 만드는 데 약 100년이라는 시간이 소요된다.

침식은 이 귀중한 흙이 농업지역에서 사라져 바다로 들어가게 한다. 새로이 일구어진 들판에서 흙 입자들은 바람과 날씨의 영향으로부터 보호받지 못한 채 놓여 있고, 폭우는 유실된 겉흙topsoil과 함께 쉽게 갈색 강물이 되어 버린다. 가뭄 후에는 바람이 표면에 있는 흙에 소용돌이를 일으켜 거대한 먼지구름이 형성된다. 이는 1930년대 건조 지대Dust Bowl에서 있었던 대재앙 기간 동안 미국의 경작된 초원지대에서 발생했는데, 이 기간에 수만 가구가 강제로 그들의 집과 농장을 떠나야 했다. 이 지역에서 유럽인들이 처음으로 농사를 시작한 이후로 겉흙의 절반 정도가 유실되었다. 사해 지역에서는 해수면

원소들의 놀라운 이야기

이 계속 낮아져 비옥한 흙이 비가 올 때마다 경사면 아래로 씻겨 내려가고 있다.

오늘날 전 세계 지표면에 존재하는 흙은 새로운 흙이 자연적인 과정을 통해 생성되는 것보다 10~100배 빨리 사라지고 있다. 땅을 덜 일구거나 가능한 한 많은 흙을 덮는 식물을 사용하는 것처럼, 농지로부터의 침식을 제한하는 여러 가지 좋은 전략들이 있다. 다른 한편, 기후 변화가 점점 더 많은 폭풍과 홍수를 일으키고, 이 때문에 침식이 증가하리라는 사실을 예측해야 한다. 만약 상층부의 흙 손실이 오늘날과 같은 속도로 계속된다면, 인의 매장량이 아무리 많다 해도 미래에 전 세계 인구를 위한 충분한 식량을 재배하는 데 심각한 문제가 생길 것이다.

너무 비용이 많이 들어서 흙을 공급해 주는 지질학적 원천들로부터 인을 추출할 수 없는 날이 올 것이다. 우리가 미래에도 계속 존재하려면, 암반이 풍화작용을 일으켜 우리에게 공급해 주는 것보다 더 많은 양의 인을 잃어버리지 않는 지점에 도달해야 한다. 이는 자연 공급량보다 여섯 배 더 큰 인의 손실을 줄인다는 것을 의미한다. 가축들이 비 경작지에서 풀을 먹도록 하여 인을 본래 장소인 농장으로 돌려보내는 것처럼, 주변 환경으로부터 가능한 한 많은 양의 인을 얻기 위하여 농업을 최적화할 수 있다. 그러나 그것도 오늘날 손실량의 약 3분의 1 이상을 보완하지는 못할 것이다.

미래에 모든 사람이 충분한 식량을 소유하기 위해서 우리는 지구의 인구를 상당히 줄여야 하거나(이는 다소 무서운 계획이다) 너무 늦기 전에 틀림없이 지질학적 인에 덜 의존해야 한다. 우리는 고기를 덜 먹고, 흙의 침식을 막으며, 기후 변화의 속도를 늦추고, 농장의 가축 분변 무더기와 부엌에서의 음식물 쓰레기부터 가정 오물에 이르는 연결고리의 모든 부분에서 인을 재활용하는 방법으로 이를 해낼 수 있다. 미래에는 이미 스웨덴의 일부 지역에서 하듯이, 대변에서 소변을 분리하기 위해 앞쪽에 특별한 구멍이 뚫린 특수화된 변기가 필요할 수도 있다. 소변과 분변을 섞지 않는 것은 오수가 비료가 되는 방법을 상당히 더 쉽게 만드는 방책이다.

길을 잃은 영양분들

오늘날 우리가 먹는 식량을 재배하기 위해 들판에 인공비료를 뿌릴 필요가 있는 이유는 우리 자신의 생물학적 처리 과정을 통해 되돌려 주는 것보다 훨씬 많은 양의 영양분을 흙으로부터 제거하기 때문이다. 그러나 원소들은 그냥 사라지지 않는

원소들의 놀라운 이야기

다. 우리가 먹는 음식물 속의 질소, 인, 칼륨은 한동안 우리 몸의 일부가 되었다가 소변과 대변을 통해 밖으로 배출된다. 식량이 되지 못하는 동식물 일부에도 또한 영양분이 있다.

오늘날 이 영양분의 작은 부분만이 그것이 유래한 땅으로 돌아간다. 운송비용은 너무 비싸고 인간과 동물의 분변이 비료로 사용될 때 위험한 질병이 퍼질 가능성도 있다. 그러다 결국 영양분이 있어서는 안 되는 곳에 도달할 수도 있다. 강, 호수, 바다에 많은 양의 질소와 인이 엄청난 조류 대증식algae bloom을 일으킬 수 있고, 이 조류가 물속의 모든 산소를 다 써버리므로 더 깊은 곳에 사는 어류를 질식시킬 수 있다. 만일 영양분을 모아 (질병을 퍼뜨리지 않고) 농업 지역으로 다시 돌려보내는 효과적인 방법을 개발할 수 있다면, 우리가 먹고자 하는 어류를 생산하는 더 좋은 조건으로 바다와 호수를 유지하며 이들 지역에서의 식량 생산을 계속할 수 있다.

영양가 높은 폐기물이 해양과 호수에서 생태계에 고통을 주는 유일한 요인은 아니다. 생태계는 우리가 토양에 퍼뜨리는 많은 비료를 어쩔 수 없이 받아들이는 처지가 된다. 농부가 식물 뿌리가 감당할 수 있는 것 이상의 비료를 사용할 때, 잉여물은 강과 개울로 흘러 들어간다. 주어진 기간 동안 식물에 얼마나 많은 양의 비료가 필요할지 정확히 알기는 힘들 수 있

다. 다행히 이는 엄청난 기술적 진보가 이루어지고 있는 분야
다. 컴퓨터는 식물에 어떤 것이 결핍되어 있는지 판단하기 위
해 드론으로 찍은 사진을 분석한다. 그러면 농부는 올바른 장
소와 올바른 시간에 요구되는 비료를 공급하기 위해 컴퓨터화
된 농기계를 사용할 수 있다.

사해의 미래

사해는 정말 신기하고 이상한 장소다.

호수의 북쪽 끝은 커다란 온천 호텔들이 세워졌기 때문에
표면이 몇 미터 정도 가라앉아 있다. 지금 관광객들은 작은 버
스에 실려 해안 아래로 내려가야 한다. 소금을 함유한 해저이
던 곳을 통과해 흐르는 빗물이 소금을 녹여, 표면에서 입을 크
게 빌리고 있는 분화구 안으로 붕괴한 구멍을 만들어 놓았기
때문에 호텔들 사이 도로들은 항상 수리 중이다.

남쪽 끝의 호텔들에서는 손님들이 물웅덩이 지역에서 해
변에 도달하기 위해 계단을 올라가야 한다. 건설 작업이 계
속 진행 중이다. 값나가는 광물질이 추출된 후 증발 웅덩이
evaporation basin에 남아 있는 모든 소금 때문에 해저가 1년에 대
략 7인치(18센티미터)씩 상승한다. 물은 더 이상 북쪽에서 남쪽

원소들의 놀라운 이야기

으로 흐르지 않기 때문에 양수기로 퍼 올려야 한다.

어떤 면에서 이 유독한 죽은 바다를 보고 있으면 마음이 아픈데, 해안선을 따라 놓인 드문드문한 떨기나무와 쓰레기는 두꺼운 소금층 안에 느리게 묻혀 가는 중이다. 다른 한편 그러한 모습에는 위엄 있는 무언가가 있다. 인간이 이 전체 생태계와 호수 전체를 통제해 왔고, 우리가 가장 필요로 하는 것, 즉 우리에게 생명의 구성 요소를 주는 식량을 생산하기 위해 그것을 사용한다. 비료가 없다면 오늘날과 같은 많은 인구가 지구상에 존재할 수 없을 것이다. 간단하다. 우리가 최근 몇 년 동안 보아 온 인구 폭발이 없었더라면, 지금 우리가 가지고 있는 기술과 연구 결과는 없었을 것이다. 나는 전 세계에서 온 과학자들을 만나기 위해 결코 이스라엘로 여행하지 못했을 것이다. 그리고 사해나 캐나다의 광산에서 나온 칼륨은 이스라엘 사막의 인상적인 모습을 보여 주는 내 시신경의 통로 안팎으로 흘러 다닐 수 없었을 것이다. 아니, 아예 내가 존재할 수조차 없었을 것이다.

Li 3	Ca 20	Cd 48	In 49	Si 14	F 9
Lithium	Calcium	Cadmium	Indium	Silicon	Fluorine

8

에너지 없이는
그 어떤 일도
생기지 않는다

The Elements We Live By

Ar 18		Al 13
Argon		Aluminium
Mg 12		Xe 54
Magnesium		Xenon
Tc 43		I 53
Technetium		Iodine
C 6		Sr 38
Carbon		Stronium
Cs 55		Au 79
12:00		
Caesium		Gold
Sc 21		Sn 50
Scandium		Tin
Bi 83		He 2
Bismuth		Helium

Na 11	Cl 17	S 16	K 19	Rh 45	Be 4
Soldium	Chorine	Sulfur	Potassium	Rhodium	Beryllium

문명은 플라스틱과 콘크리트 그리고 금속으로부터 건설되었다. 날마다 우리는 지각 일부를 깨부수고 삶에 필요한 모든 것을 만들어 낼 수 있다. 이 모든 활동은 또 다른 자원, 즉 하나의 원소가 아니라 무엇보다 문명을 소유할 수 있게 된 기초에 해당하는 '에너지'로 접근하는 것에 달려 있다.

그 어떤 것도 에너지 없이는 일어나지 않는다.

에너지가 없으면 세상은 차갑고 정체되어 있을 것이다.

내가 보고 있는 컴퓨터 화면의 불빛, 플라스틱과 실리콘, 금속으로 만들어진 회로판의 키를 눌러 보내지는 전기적 신호(내가 이 책을 쓰도록 해 주는 과정이기도 하다)까지 모든 것이 리튬 배터리의 화학적 에너지에 의해 구동된다. 나는 오늘 평소보다 더 일찍 노트북 컴퓨터를 벽 콘센트에 연결해 배터리를 충전했다. 우리 집은 바싹 마른 강바닥 옆의 긴 송수관 끝에 있는 발전소에 도달할 때까지, 노르웨이 전역을 가로질러 뻗은 구리 전선들과 연결되어 있다. 한때 산기슭 아래로 흐르던 물은 이제 발전소 터빈을 통과해 흐르고, 그로 인한 터빈의 운동은 구리 전선 속 전자들에게 전해지며, 전자들은 배터리로 들어가는 내내 서로를 밀며 움직인다.

태양에서 오는 에너지

그러므로 어떤 의미에서 내 컴퓨터는 물에 의해 전력을 공급받는다. 그러나 사실은 태양에 의해 움직이는 것이다. 태양은 바다 위에서 빛을 발하여 물이 증발해서 대기 중으로 들어가게 만든다. 이후 이 물은 발전소 저수지를 둘러싼 지대에 비가 되어 내린다. 태양에서 오는 에너지는 물 분자들로 이동하고, 물이 터빈을 통과해 흐르면 태양에너지는 내가 지금 이 단어들을 쓰는 데 사용하는 전기 에너지로 변환된다.

내가 손가락을 움직여 키보드를 두드리며, 스크린에 나타나는 문자들을 쳐다보며 눈을 움직이고, 다음에 무슨 단어가 와야 하는지 생각할 때, 나 역시 에너지를 사용하는 중이다. 내 몸이 수행하는 모든 일은 내가 섭취한 음식물에서 나와 세포 안으로 들어가는 에너지에 의해 실행된다.

나는 음식의 힘으로 달리지만 실제로는 태양의 힘으로 달리는 것이다. 내 세포 속에서 깨어지는 각각의 화학결합은 적은 양의 태양에너지를 함유하고 있다. 식물의 광합성은 지구상의 우리가 삶에 연료로 사용하는 모든 태양에너지를 포획하는 과정이다. 광합성이 없었다면, 태양광선은 지면을 덥히고 물을 증발시키며 바람을 가속하고 결국 우주로 다시 방사된다. 식물은 태양에너지가 다시 우주로 사라지기 전에 먹이사슬을 통해 우회하도록 한다.

지구상의 다른 생명체와 달리 우리 인간은 단지 섭취를 통해 몸 안에서 광합성으로부터 오는 태양에너지를 얻는 것에 만족하지 않는다. 탁탁 소리 내는 장작의 모닥불은 얼어붙은 손에 온기를 전한다. 불 위에서 음식이 조리되면 소화하는 데 더 적은 에너지가 든다. 철을 생산하기 위해 목재 속 태양에너지를 사용함으로써 사람들은 일을 더 효율적으로 만들고, 작물이 더 크게 자라게 하는 강력한 도구를 얻었다. 여분의 음식은 증가하는 인구를 먹이는 데만 사용되는 것이 아니었다. 동물의 먹이로도 사용되었다. 그리고 풀과 곡식 안의 태양에너지는 황소와 말의 근력 운동으로 전환되어 사람들은 더 많은

원소들의 놀라운 이야기

일을 하고 더 많은 것을 얻을 수 있었다.

고갈되어 가는 지구의 에너지 저장량

식물에 의해 포획되는 모든 태양에너지가 먹이사슬 안으로 들어가는 것은 아니다. 살아 있는 식물과 동물, 숲과 흙 속의 곰팡이는 많은 양의 에너지를 함유하고 있다. 죽은 유기체가 분해되는 것이 아니라 그 대신 매우 두꺼운 토양층과 늪, 그리고 호수와 해양의 바닥에 축적될 때, 토양 표면의 태양에너지 저장량은 증가한다.

지구상의 인구가 계속 증가하고 각 개인이 도구를 제작하고 집과 도로를 건설하기 위해 점점 더 많은 에너지를 사용할 때, 우리는 보충될 수 있는 에너지 양보다 더 빠른 속도로 이 에너지를 고갈시키기 시작했다. 지난 세기로 바뀔 시점에, 지구 인구가 15억을 넘어서자, 지구의 살아 있는 표면에 저장된 태양에너지는 예수 그리스도 탄생 시점 당시 수치에서 3분의 1만큼 감소되었다. 오늘날에는 약 절반 수준으로 남아 있다. 지구는 예전만큼 많은 태양에너지를 얻기 힘들어 졌다. 인간이 식량, 나무, 연료를 얻기 위해 광합성 에너지를 사용하고, 침식과 산림 황폐를 일으켰기 때문이다.

세계 인구는 2012년에 70억 명을 넘어 2019년 12월 현재 77억 명이다. 내 가족 다섯 명은 3000명의 노예를 거느리던 고대 로마 시대의 지주나, 1500명의 일꾼과 200필의 힘센 말을 소유했던 19세기 영국 지주와 같은 정도의 에너지를 사용하고 있다. 우리 문명은 지구상의 식물이 태양으로부터 포획하는 모든 에너지, 즉 지구의 모든 생태계에 동력을 공급하는 데 필요한 에너지의 약 4분의 1에 해당하는 에너지 양으로 움직이고 있다. 우리가 그렇게 많은 에너지를 사용하는데도 지구가 여전히 녹색을 띠고 생명으로 가득할 수 있는 이유는 태양이 날마다 우리에게 보내는 에너지에 우리 자신을 제한하는 일을 그만두었기 때문이다. 지난 150년에 걸쳐, 우리는 앞으로 수백만 년간 쓸 수 있는 태양에너지를 개발하는 데 전문가가 되었다. 그러나 여전히 우리의 문명을 움직이는 에너지의 85퍼센트는 화석연료에서 나온다.

우리가 원하는 사회

초기 농경 사회에서는 거의 모든 주민이 들판에서 자신의 순번을 지키는 것이 중요했다. 그러지 않았다면 각자에게 돌아가는 몫의 음식이 충분하지 않았을 것이다. 경작되는 식물은

원소들의 놀라운 이야기

태양으로부터 에너지를 포획했고, 사람들은 이 식물을 먹어서 새로운 식물을 재배하는 데 사용할 에너지를 얻었다. 적당한 양의 에너지를 절약하는 것은 전사와 성직자, 정부 관료 같은 작은 지배 계급이 유지되는 데 도움을 주었다.

도구의 발달로 인구를 부양하기 위해 각 개인의 근력을 더 적게 사용할 수 있게 되었다. 그리고 더 많은 거주민이 농사 외 다른 일에 에너지를 사용할 수 있었다. 일부는 쇠를 벼리고 무기와 도구를 제작하는 데 전문가가 되었다. 이들 도구가 농업에 사용되면서 대장장이가 자기 손으로 직접 흙을 파서 농사를 짓고 살 때보다 더 많은 식량이 인구에게 돌아갔다. 이런 식으로 들판에서는 일하는 사람이 한 명 줄었지만, 전반적으로 더 많은 식량이 생산되었다. 에너지의 잉여분이 여러 분야에서 더 많은 전문가가 생길 여지를 주었고, 이는 이용할 수 있는 에너지 양으로 가능한 한 더 유용한 일을 하기 위한 새로운 수단의 발달로 이어졌다.

오늘날 우리는 매우 효율적으로 변해서 우리 중 적은 비율만이 식량 생산에 종사하고 있다. 전문화와 에너지 잉여분이 (인터넷과 한겨울의 딸기, 지구 반대편으로의 비행, 심장 이식처럼) 오늘날 우리가 당연하게 받아들이는 모든 진보된 형태의 믿을 수 없을 만큼 복잡한 사회를 만든 토대가 되었다.

그 어떤 것도 에너지 없이는 일어나지 않는다. 그러므로 어느 사회에서든 가장 중요한 일은 에너지를 추출하여 일하는 데 사용될 수 있는 어떤 형태(연료 혹은 전기)로 바꾸어 놓는 것이다. 그리고 경작에도 에너지가 필요하므로, 그다음으로(첫째가 아니다) 중요한 것은 식량을 재배하는 것이다.

사회가 에너지 공급을 보장하고 식량을 생산하며 인구를 먹여 살리기 위해 그 식량을 사용하게 된 후에도 남는 에너지는 교육을 위해 사용될 수 있다. 지식의 전달은 사회의 기술적 수준을 유지하는 데 꼭 필요하고 그로 인해 에너지 잉여분은 감소하지 않는다. 교육 또한 더 심화한 기술 발전을 위한 기초와 미래의 훨씬 더 큰 에너지 잉여분을 위한 잠재력을 쌓는다.

우선순위 목록에서 그다음으로 오는 것이 건강 서비스다. 우리는 사회 구성원이 더 이상 일을 할 수 없을 때조차 사회가 그들을 돌보기를 원한다. 오늘날 우리가 소유하는 커다란 에너지 잉여분 때문에 우리는 많은 시민이 진보된 장비를 갖춘 병원을 운영하거나 점점 더 많은 질병에 대한 치료법을 연구하는 것은 물론이고 의사나 간호사로서 일하도록 허용할 수 있다.

우리가 무엇이 인생을 살 만한 가치가 있도록 만드는지를 자문한다면, 많은 사람이 넓은 의미에서 예술과 문화를 꼽을

원소들의 놀라운 이야기

것이다. 우리는 단지 생존하기 위해 일하려는 것이 아니다. 스포츠를 즐기고 영화를 보고 연극을 보고 합창단에서 노래를 부르기를 원한다. 오늘날 우리는 이를 위한 많은 잉여 에너지를 소유하고 있기도 하다.

들어오는 에너지와 나가는 에너지

그러므로 문화와 건강 서비스에서 풍요로운 복합 사회를 유지하는 열쇠는, 일단 기본적인 욕구가 충족되고 나서 가능한 한 많은 여분의 에너지를 가지는 것이다. 가장 기본적인 일은 에너지를 추출하여 그것을 유용한 형태로 전환하는 것이다. 그러나 에너지를 추출하는 것은 에너지를 요구한다. 이 에너지는 시추공을 뚫고, 석유 굴착용 플랫폼을 짓고 나서 자동차, 선박, 트랙터에 연료로 쓰이는 원유를 퍼 올리고 운송하고 정제하는 데 사용된다. 이 원칙은 주식을 사는 것과 같다. 당신은 먼저 돈을 투자하지만, 시작했던 금액보다 더 많은 돈을 돌려받을 것이다.

연구자들은 우리가 삶의 좋은 방식이라고 여기는 것을 유지하려면 그것을 추출하는 데 사용된 에너지보다 20배 이상을 돌려주는 에너지 원천이 필요하다고 말한다. 만일 잉여분이 매장 규모의 10배 이하로 떨어진다면, 산업 사회를 유지하는 것은 모험이 될 수도 있다. 매장량의 3배에 해당하는 잉여분은 가장 원시적인 문명이 제 기능을 하는 데 필요한 일종의 최소량이라고 평가된다. 인간은 농업을 시작하기 전에, 그들이 사냥하고 채집하는 데 투입한 에너지의 10배가량을 돌려받았다.

1930년대에 에너지로 사용되기 위해 채굴된 기름은 추출하기 쉬웠다. 그것은 실제로 기름이 밖으로 흘러나오도록 파이프를 땅에 박아 넣기만 하면 되었다. 모은 기름 속 에너지의 100분의 1만이 더 많은 기름을 추출하기 위해 사용될 뿐이었다. 나머지는 판매되어 기름 회사에 이윤을 남겼고 사람들은 흔해지기 시작한 자동차에 값싼 연료를 넣을 수 있었다.

현재 우리는 이들 질 좋은 매장량을 다 써 버린 상태다. 오늘날에는 생산 유지를 위해 재래식 유전(특별한 기술 없이도 추출될 수 있는 유전)에서 추출하는 기름의 20분의 1 정도를 저장해야 한다. 셰일가스shale gas, 유사oil sand, 심해의 매장량처럼 더 어렵고 재래식이 아닌 원천은 생산 유지를 위해 기존 소요량의 2배 정도가 필요하며, 기존 잉여량의 절반 정도를 저장할 수 있다.

너무 깊고 도달하기 어려운 곳에 있는 화석연료의 원천은 그것을 퍼 올리기 위해 더 많은 에너지를 사용해야 한다. 이 시

원소들의 놀라운 이야기

점에서는 추출이 무익해진다. 이는 은행에 저축한 돈을 찾기 위해 돈을 내야 하는 경우와 마찬가지다. 이런 유형의 에너지 원천은 분명 영원히 땅속에 묻혀 있어야 한다.

화석연료 사회에서 벗어나기

다른 모든 지질학적 자원과 마찬가지로, 지구의 지각에서 얼마나 많은 에너지가 여전히 추출될 수 있을지를 알아내기는 어렵다. 이는 추출 기술이 얼마나 효과적일 수 있는지와 에너지 그리고 돈의 측면에서 얼마나 많이 기꺼이 값을 치르려는지에 달려 있다. 그러나 대부분 사람은 우리가 이미 상당량의 화석에너지 원천을 고갈시켰으며, 석유의 시대가 이번 혹은 다음 세기에 끝나리라는 사실에 동의한다.

게다가 화석에너지를 연소할 때 대기 중으로 발산되는 탄소가 지구 기후를 변화시키고 있다는 의견이 늘고 있다. 기온의 증가와 너무 많거나 너무 적은 양의 비, 다른 극적인 기후 패턴과 해양의 산성화는 결국 우리 인간과 모든 자연 생태계에 심각한 결과를 초래할 것이다. 이 때문에 자연이 태양에너지를 포획하여 건강한 환경을 유지하는 데 사용하는 능력은 감소할 것이다. 그러므로 화석연료의 훨씬 많은 양이 땅 밑에 남아 있게 하는 것이 가장 현명한 방법이다. 그런데 석유 없이 과연 우리는 무엇을 할 수 있을까?

지열과 핵에너지: 태초의 지구에서 시작된 에너지

지구는 또한 다른 에너지원을 가지고 있다. 지구 지각에서 가장 무거운 원소 중 일부는 가끔 분열하는 원자핵을 가지고 있다. 이들 방사능물질은 중성자별들이 서로 혹은 블랙홀과 충돌할 때 형성될 수 있고 지금도 지구를 구성하는 물질의 적은 부분을 구성하고 있다. 원자핵이 분열할 때 발생하는 열은 지구의 지각을 덥히고 지표면으로 흘러 나간다. 우리는 광산을 채굴할 때 이를 관찰할 수 있다. 땅을 깊이 팔수록 온도는 점점 올라간다.

우리의 집을 덥히거나 전기를 생산하기 위해 지각의 열을 사용할 수 있다. 그러나 지구의 대부분 장소에서 열의 흐름이 너무 적어서 그리 유용하지는 않다. 일상에서 지열에 의한 동력 공급을 기대할 만한 곳은 화산 지대나 중앙해령mid-ocean ridge 같은 특별한 장소뿐이다. 이곳에서 지구의 접지판earth's plates이 쪼개져, 뜨겁게 녹아 있는 암석으로 채워진 틈을 열게 된다. 이러한 예로 지열 발전소가 만든 값싼 전기 덕분에 알루

원소들의 놀라운 이야기

미늄의 주요 생산국이 된 아이슬란드를 들 수 있다.

지구에서의 열 흐름 규모가 매우 작은 이유는 방사성물질들이 에너지를 매우 느리게 방출하기 때문이다. 그러나 지난 수십 년에 걸쳐 인간은 이들 과정이 더 빨라지게 만드는 방법을 개발해 왔다. 핵발전소의 원자로가 고안되어 방사능원소인 우라늄의 단일 핵이 쪼개지면 인접한 또 다른 우라늄 핵도 분열하게 된다. 그 결과로 점점 더 많은 반응이 일어나고 이들 연쇄반응에서 나온 열이 포획되어 전기 생산에 이용된다.

오늘날 건설되어 가동되고 있는 핵 원자로들은 오직 원료에서 이용할 수 있는 에너지 총량 중 무시할 수 있을 정도의 일부만 이용한다. 오늘날의 핵 기술에 기반한 에너지 생산이 60~140년 동안 지속된 후에는 우라늄이 고갈될 것이므로, 결국 우리 사회를 그리 많이 변화시키지는 못할 것이다. 이와 함께 원자로에서 나오는 방사성 폐기물은 그 총량이 광산 채굴과 산업에서 생산되는 모든 독성 폐기물에 비해 작을지라도, 아주 오랫동안 인간과 환경에 해를 끼칠 수 있다.

우리가 추출한 방사성물질에 포함된 막대한 양의 에너지를 사용하는 원자로를 만들 수도 있다. 이러한 새로운 기술이 생긴다면 앞으로 25,000년 동안이나 원자력에 의존하여 살아가는 것이 가능하게 될지도 모른다. 그러나 오늘날 개발되고 있는 대안들은 원자로 속 물질이 매우 많이 필요하므로, 안전하고 영속성 있는 해결책이 생겨야 한다. 게다가 이들 원자로는 핵무기를 제조하는 데 완벽한 물질을 생산할 수 있다. 이처럼 우리는 인간 사회를 위해 에너지를 생산할 수 있지만, 만일 원자력 발전소가 악한 자들의 손에 넘어간다면 인류의 완전한 멸종은 빠르게 올 것이다.

태양에서 직접 얻는 동력

진정으로 유일한 장기적 에너지 해결책은 태양으로부터 우리에게 지속해서 흐르는 에너지를 사용하고 미래에 태양에너지를 사용할 수 있는 우리의 능력을 줄이지 않는 방식을 택하는 것이다. 지구는 전기, 산업, 운송을 위해 현재 우리가 사용하는 양보다 수천 배 많은 에너지를 태양으로부터 받고 있다. 우리에게 필요한 것은 이 에너지의 적은 부분이나마 포획하여 우리 문명에 사용하는 방법이다.

태양전지는 태양에너지를 바로 전기 에너지로 바꾸는 장치다. 많은 주택의 지붕에서 보듯 우리에게 가장 친숙한 태양전지는 실리콘 결정체로 만들었다. 태양광선이 태양전지에 부딪치면 전자는 실리콘 원자에서 분리되는데, 태양전지는 이 전

원소들의 놀라운 이야기

자들이 전기회로를 통해 우회하여 그들의 원자로 되돌아가도록 고안되었다. 이들 움직이는 전자가 전류인데, 이는 배터리를 충전시키고 냉장고를 작동시키기 위해 사용된다. 태양전지 기술은 최근 몇 년 새 빠르게 진보하고 있고, 많은 사람이 석유의 시대에서 벗어나는 가장 중요한 기술이 될 것으로 믿고 있다. 여기서 한 가지 질문을 하겠다. 앞으로 우리는 필요한 모든 태양전지를 만들 수 있을 만큼 충분한 물질을 가지게 될까?

실리콘은 문제가 되지 않는다. 지구상의 모든 암석에서 발견된다. 그러나 오늘날의 태양전지 대부분은 납, 은, 주석도 함유하고 있다. 계산해 보면 광산 채굴로부터의 납 공급은 2050년 이전에 감소할 것이고, 이어서 수십 년 뒤에는 주석과 은도 감소할 것이다. 더 새롭고 잠재적으로 더 우수한 유형의 태양전지는 갈륨gallium, 텔루르tellurium, 인듐indium, 셀레늄selenium 같은 희귀 원소도 함유한다. 이들 원소는 지구 지각에서 커다란 금속들과 함께 생겨나서 그것들과 더불어 산출된다. 그러므로 우리는 구리를 추출할 때 셀레늄을 얻을 수 있고, 갈륨의 가격은 알루미늄 생산과 긴밀히 연결되어 있다. 우리의 모든 금속 사용에서처럼, 우리가 특정 원소의 충분한 양을 소유하느냐 하는 문제는 우선권의 문제인 것이다.

염료로 태양전지를 생산해 내는 것 또한 가능한데, 이 염료는 태양광선의 특정 부분을 포획하여 전자가 움직이도록 태양 에너지를 사용하기 위해 자연이 고안해 낸 것이다. 이러한 과정은 녹색 엽록소의 도움으로 광합성에 의해 일어난다. 이 해결책의 장점은 염료가 살아 있는 유기체에서 만들어질 수 있고, 주로 우리 주변에 풍부하게 존재하는 원소인 탄소, 수소, 산소로 구성되어 있다는 사실이다. 그러나 염료로부터 생산되는 전기 에너지를 실제로 사용하기 위해서는 염료가 산화티타늄 같은 다른 물질과 결합해 사용될 필요가 있다. 염료는 또한 우리 피부가 화상을 입는 것처럼, 태양에서 오는 자외선에 손상될 수도 있다. 살아 있는 유기체의 분자들은 태양 방사선과 다른 스트레스 요인에 의해 지속적으로 파괴되고 있고, 새로운 분자를 생산하고 파괴된 것을 제거하는 데 많은 에너지를 소비하고 있다. 실제로 살아 있는 것은 아니지만, 태양전지에서도 같은 형태의 보호를 제공하는 메커니즘이 개발되어야 한다. 그렇지 않으면 태양전지는 그리 오래 유지될 수 없다.

태양전지는 태양이 빛나고 있을 때 잘 작동한다. 그러나 우리가 잘 알듯이 지구는 빙글빙글 자전하고, 우리는 가끔 그늘 속에 있기도 하다. 그나마 다행히 우리는 다른 방식으로도 태양에너지로부터 혜택을 얻을 수 있다.

원소들의 놀라운 이야기

물은 흐르고 바람은 분다

노르웨이는 이미 태양으로부터 거의 모든 전기를 얻고 있다는 점에서 예외적인 경우라 할 수 있다. 노르웨이의 산업계는 석유가 아니라 태양이 산 위로 끌어올린 물로부터 얻은 전기에 기반한다. 오늘날 나의 모국은 우리에게 깨끗하고 재생 가능한 전기를 제공하는 댐, 파이프, 터빈으로 가득 차 있다. 수력 발전은 에너지를 사용하는 매우 효과적인 방법이기도 하다.

그러나 얼마나 많은 강이 파이프 속으로 흘러 들어갈 수 있는가에는 제한이 있다. 결국 지형과 생태계도 흐르는 물이 필요하다. 노르웨이와 그 외 국가에서는 대부분 대규모 수력 발전의 시대가 끝났다는 사실에 동의하고 있다. 세계의 수자원 시스템의 많은 부분이 이미 확립되어 있어서 오늘날 우리가 사용하는 화석에너지의 적은 부분 이상으로는 수력 발전이 새로이 확장될 수 없다.

그 대신 우리는 풍력의 사용을 늘릴 수 있다. 개방된 지형, 산맥, 해안선, 바다 먼 곳이라면, 지구상에는 어김없이 풍부한 양의 바람이 분다. 최근 몇 년 새 풍력 터빈(흔히 풍차라고 한다)이 점점 더 효율적으로 되어 가고 있다. 이러한 경향은 1970년대에 가속화되었는데, 이 시기에 석유파동 사태가 대체 에너지원의 발전을 부추겼다. 많은 나라가 풍력 터빈만을 사용하여 필요 에너지의 많은 부분이나 거의 전부를 생산할 수 있다. 이 방법은 모든 자동차와 중수송heavy transport, 산업을 위해서 화석에너지 없이도 유지될 수 있는 충분한 전력을 만들 수 있다. 그러나 지역 주민들이 소중히 여기는 지형에서의 풍력 터빈, 송전선 설치, 연결 도로 건설이 요구될 것이다. 지금까지는 풍력 터빈 개발에 반대하는 지역 주민의 저항이 꽤 있었다.

수력 발전은 우리가 투자한 양보다 100배 많은 에너지를 돌려줄 수 있지만, 풍력 발전의 경우는 20배 정도에 머문다. 이 비율은 터빈을 건설하고 유지하는 데 얼마나 많은 에너지가 필요한지, 그리고 터빈 교체까지 얼마나 오래 사용할 수 있는지에 달렸다. 오늘날의 터빈은 20~30년의 기대 수명을 가지고 있지만, 15년 정도 수명을 더 늘리기 위해 업그레이드될 수도 있다. 이와 비교하여, 석탄 광산과 핵 발전소의 기대 수명은 30~50년이다. 그러므로 풍력에 의해 동력이 공급되는 사회는 화석연료 사회보다 더 잦은 장비의 교체를 요구받을 것이다. 그러나 동시에 관련 일거리와 비용은 오랜 시간에 걸쳐 점차 늘어날 것이다.

풍력 터빈은 콘크리트와 강철로 만들어진다. 몰리브덴molybdenum이 강철에 더해져 더 강해지고, 아연층으로 뒤덮이게 되어 녹이 슬지 않는다. 전선은 알루미늄과 구리로 만들어

원소들의 놀라운 이야기

지는 한편, 회전 날개는 오히려 발포 플라스틱제plastic foam나 발사 나무balsa wood로 만들어진 중심부 주변의 플라스틱 강화 유리섬유처럼, 강하지만 가벼운 물질로 만들어져야 한다. 회전 날개는 강철로 기계 덮개machine housing(회전력이 전기로 전환되는 터빈의 중심부)에 부착되어 있다. 여기에 강력한 자석이 있는데, 이것은 철, 붕소와 희토류로 알려진 17개 광물 중 하나인 네오디뮴neodymium의 합금으로 만들어져, 오늘날 성능이 가장 좋은 풍력 터빈에 사용된다.

희토류 원소

사실 희토류 원소는 지구 지각에서 그렇게 희귀하지 않다. 그러나 효율적인 방법으로 그것들을 모으기 위해 개발된 지질학적 처리 과정이 거의 없으므로 추출하기가 어렵다. 네오디뮴과 그것의 사촌 격인 사마륨samarium, 가돌리늄gadolinium, 디스프로슘dysprosium, 프라세오디뮴praseodymium에서는 전자들이 특정 방식으로 놓여 있어, 자석과 그 밖의 전자 부품에서 이 원소들은 매우 가치 있다. 같은 효과를 보이는 다른 원소는 아무도 찾아낼 수가 없었다.

　희토류 광물을 함유한 광석은 거의 같은 화학적 성질을 보이는 이들 원소의 몇 가지 혼합물을 포함하고 있다. 그러므로 서로에게서 다른 원소들을 분리하는 데는 많은 물과 화학물질 그리고 작업이 필요하다. 이들 원소는 다른 성분들에 비해 비교적 적은 양이지만, 합금에 항상 사용된다. 예를 들어 당신의 휴대전화 스피커에서 네오디뮴을 발견할 수 있을 것이다. 이 원소를 다른 목적으로 다시 사용하려면 대략 30가지의 다른 원소들로부터 분리해야 한다. 이것은 고된 일이다. 하지만 희토류 원소를 안전하고 값싸게 추출하고 분리하는 기술은 계속 진화하고 있다.

만일 전 세계가 풍력 터빈의 대규모 확대에 투자하려 한다면, 이것은 네오디뮴 및 그 관련 성분을 공급하는 데 상당한 부담을 줄 것이다. 오늘날 중국은 전 세계 희토류 원소 생산의 주도권을 잡고 있다. 브라질은 세계에서 두 번째로 크다고 증명된 매장량을 가지고 있지만, 아직 대규모 추출 시설을 확립하고 있지는 않다. 상당히 중요한 이들 원소가 몇몇 나라에서만 생산될 수 있다는 점에는 문제의 소지가 있다.

노르웨이 울레포스Ulefoss의 평평하고 비옥한 농경지 아래에는 유럽 최대의 희토류 광물 매장량이 있을 것으로 추정된다. 알려진 바와 같이, 펜 콤플렉스Fen Complex는 매우 독특한 지질학적 역사를 지닌 지역이다. 이곳은 화산이 탄소를 함유한 용

원소들의 놀라운 이야기

암을 분출하는, 세계에서 몇 안 되는 장소 중 하나다. 보통의 경우 암석에서 발견되는 탄소는 용암이 지표에 도달하기 전에 사라지고, 그 때문에 화산암은 대개 실리콘과 산소를 함유하고 있다. 탄소를 포함한 용암은 녹은 암석이 마그마를 지표까지 빠르게 강제로 밀고 나갈 때 형성된다. 이것은 5억 8000만 년 전쯤에 텔레마크Telemark로 불리는 오늘날의 노르웨이 남부 중앙 지역 아래에서 생겨났다. 지표로 올라오는 길에 탄소를 함유한 뜨거운 액체가 지구의 균열이 생긴 지각을 뚫고 흘러, 현재 매우 값비싼 희토류 원소를 포함한 다량의 원소들을 취하게 되었다. 오늘날 펜 콤플렉스에서는 이들 자원의 추출 가능성과 방법을 알아내기 위해 조사가 진행 중이다. 아마도 우리는 가까운 미래에 전 세계의 풍력 터빈 속에서 텔레마크산 네오디뮴을 발견하게 될 것이다.

조용한 겨울밤의 전력

나는 우리 집 지붕에 태양전지를 설치하려고 한다. 그러나 이 경우에도 여전히 가정용 전기는 대부분 수력발전소에 의존해야 할 것이다. 한 해의 대부분은 직장에 있는 동안에만 하늘에 태양이 떠 있고, 빵을 굽고 식기세척기를 돌릴 때쯤이면 밖은 어두워진다.

노르웨이에서는 수력 발전으로 전기를 얻는데, 이곳에서는 언제든 필요한 만큼의 에너지를 방출하기 위해 터빈을 돌려 주는 물 공급을 시작하고 중단할 수 있다. 대다수의 다른 나라는 화석 에너지원에서 전기를 생산한다. 만약 이들 나라가 석탄과 가스를 태양과 바람으로 대체한다면, 조용한 겨울밤을 지내는 모두를 위한 충분한 전기를 만들 수 있을까?

만약 당신이 지붕 위 태양광 패널과 뒷마당의 풍력 터빈에서 모든 전력을 얻는 경우라면, 분명 날씨가 중요한 변수일 것이다. 서로 다른 시간에 당신의 동네보다 이웃 마을에 바람이 더 불 수도 있으므로, 그곳 발전소에 연결되어 있다면 도움이 될 것이다. 만약 유럽 전역에 걸쳐 송전선을 연결한다면, 모든 이들이 필요한 만큼의 에너지를 얻을 수 있을 정도로 어딘가에는 항상 바람이 불고 있을 것이다. 그러면 대형 컴퓨터가 일기예보를 분석하여 고압 송전망의 다른 부분에서 얼마만큼의 전기가 생산될지 예측하고, 역대 전력 소모량 데이터를 이용해 필요한 곳에 전기를 배분할 수 있을 것이다.

그렇다면 우리는 상상해야 한다. 만약 전 유럽이 스페인에서 부는 바람에 의존하는데, 그곳 바람이 어느 날 저녁에 매우 강해서 송전탑이 쓰러진다면, 오슬로의 모든 거리가 암흑에

원소들의 놀라운 이야기

휩싸일 것이다. 이러한 전기 시스템이 너무 취약해지지 않게 하려면, 전력 공급이 부족할 때를 대비해 에너지를 저장해 두어야 한다. 어떻게 이것이 가능할까?

수력 발전은 우리가 엄청난 양의 에너지를 저장할 수 있는 한 가지 옵션이다. 우리가 원할 때는 언제든지 수력 발전을 켜고 끌 수 있다. 그러나 또한 그것을 거꾸로 운전할 수도 있다. 이를 위해서는 다소 큰 펌프와 파이프가 필요하다. 그리고 미국 버지니아와 서부 버지니아 사이 경계선에 있는 대규모의 '배스 카운티 펌프 저장소Bath County Pumped Storage Station(세계에서 가장 강력한 펌프 저장 수력발전소—옮긴이)'와 같은 발전소들이 이미 전 세계 몇몇 장소에서 작동하고 있다. 바람이 많이 불때, 풍력 터빈에서 얻은 에너지 일부가 사용되어 물을 퍼 올려 댐 뒤쪽 저수지 안으로 집어넣을 수 있다. 물은 바람이 멈추고 사람들이 직장에서 돌아올 때까지 그곳에 머물러 있다. 모든 전기차가 충전을 위해 콘센트에 연결되면, 밸브가 열리고 물이 흘러 터빈을 통과해 전기를 발생시킨다. 우리는 서로 다른 시스템들의 결합을 통해 최상의 결과를 얻을 수 있다. 진공 속에서 자석에 의해 떠 있는 채로 회전하므로 마찰로 에너지를 잃지 않는 무거운 바퀴, 이른바 플라이휠flywheel의 운동이나, 녹은 소금을 잉여 에너지를 사용하여 몇 백 도까지 가열할 때 생기는 열을 통해 에너지가 저장될 수 있다. 게다가 물건의 수송이나 우리의 이동에 에너지가 필요할 때, 배터리와 수소를 모두 사용하여 에너지를 이동시키거나 저장해 둘 수 있다. 일부 기차나 트램은 예외로 하고, 운송 부문은 주 전기저장소에 연결되지 않고도 에너지를 엔진으로 방출할 수 있는 시스템에 의존하고 있다.

배터리 속의 코발트

휘발유는 운송용 연료로 완벽하다. 우리는 운전하는 동안 휘발유를 태우고, 모터를 끄면 남는 에너지가 가스탱크에 남아 다음 운전을 위해 준비된다.

내 자동차는 휘발유를 사용하지 않고, 배터리에 에너지를 저장한다. 석유와 휘발유처럼, 배터리도 함께 반응하기 쉬운 원자들이 서로 연결되게 하여 에너지를 저장한다. 에너지는 이들 원소가 자신들이 훨씬 더 좋아하는 원소들과 반응하도록 허락될 때 방출된다. 우리가 선택해야 하는 모든 원소 중에서, 리튬은 '전자를 주는' 가장 다정한 원소다. 이것은 많은 양의 에너지가 리튬과의 화학적 반응에서 교환될 수 있음을 의미하고, 리튬 또한 가벼운 원소이므로 오늘날 우리가 소유하는 최

원소들의 놀라운 이야기

고의 배터리는 '리튬이온 배터리'라는 이름으로 리튬에 기반하고 있다. 이온ion은 핵 속의 양성자와 같은 수의 전자를 가지고 있지 못할 때 불리는 이름이다. 그리고 리튬이 배터리를 관통해 움직일 때, 그것은 하나의 짧은 전자다.

이것이 배터리에 사용되는 것과 별도로, 우리는 우울증과 양극성 장애의 치료에 사용되는 원소로서 리튬과 친숙하다. 이 분야의 의학에서 리튬의 유용성은 우리의 신경 기능과 관련된 생화학적 작용의 범위에서 리튬이 어떻게 작용할 수 있는지와 관련 있다. 리튬은 지구 지각에서는 상대적으로 흔한 원소이지만, 고체 광물질 속에서는 꽤 희귀하다. 오늘날 전 세계 리튬의 절반 정도는 호주의 고체 암석에서 추출되고, 아르헨티나와 칠레의 바닷물에서 나머지 절반이 추출된다. 리튬 자원을 평가해 본 결과 오늘날의 생산 수준에서는 앞으로 1200년 넘게 사용할 수 있는 양이 있다. 그러나 최상의 매장물을 찾아서 어떻게 그것을 가장 효과적으로 추출할 수 있을지를 알아내기 위해 아직도 많은 탐사가 이루어져야 한다.

충전된 리튬이온 배터리 속에서, 리튬이온은 화학적으로 탄소에 연결되어 있다. 내 전기차에 시동을 거는 것은 리튬이온이 탄소에서 코발트로 이동하도록 하는 셈이다. 코발트와 리튬은 서로 특별히 친하므로 이 과정을 통해 에너지가 방출된다. 코발트는 비싼 원소이므로 이상적으로는 덜 희귀한 것으로 대체되어야 한다. 하지만 그 특성이 매우 독특해서 안타깝게도 더 좋은 대체재를 찾기란 어렵다.

코발트 광산 채굴은 악명이 높기도 하다. 오늘날 시장에 나와 있는 코발트의 거의 절반은 콩고산인데, 그곳에서는 많은 코발트가 믿을 수 없을 정도로 기초적인 방법으로 추출되고 있다. 약 10만 명의 노동자들이(그들 중 많은 수가 어린이다) 땅 아래 수십 피트에 있는 터널에서 안전장치도 없이 삽과 괭이로 코발트를 추출한다. 나는 내 자동차가 이런 식으로 제조되어 왔다는 사실을 좋아하지 않는다.

배터리를 충전하면 꽤 멀리 차를 운전할 수 있는데, 이것이 내가 체중이 불어난 이유다. 배터리 1파운드는 휘발유 1파운드보다 훨씬 덜 유용한 에너지를 포함한다. 탄소 원자는 매우 작고 가벼우며, 강한 결합력으로 서로 연결되어 있으므로 탄소 분자 1파운드에서 많은 에너지가 방출된다. 휘발유의 에너지는 탄소가 산소와 반응할 때 방출되므로(이는 우리 주위 공기 어디에나 분명히 있다), 산소를 가스탱크 안에 넣어 두려고 중량이나 공간을 차지할 필요가 없다. 내 자동차에는 탄소와 코발트가 모두 필요하다. 만약 과학자들이 리튬이 고체 코발트 대신 공기 중 산소와 반응하는 배터리를 가까스로 만들어 낸다

원소들의 놀라운 이야기

면, 어쩌면 거의 휘발유 1파운드만큼의 에너지를 함유하는 배터리 1파운드를 얻을 수 있을 것이다. 그러면, 전기 항공기와 트럭은 코발트 없이도 오늘날 화석연료로 얻을 수 있는 만큼의 적재 용량과 운항 거리를 갖게 될 것이다.

바꿔 말하자면, 우리가 기술적 장벽이라는 난관을 극복할 수 있다 하더라도, 오늘날 우리가 발휘하고 있는 성능만큼만 달성할 수 있을 뿐이다. 이는 다소 실망스럽다. 미래에 우리가 비행하는 자동차를 소유하고 다른 행성으로 마음껏 여행을 떠날 수는 없을까? 이를 위해서 우리는 배터리보다 훨씬 더 에너지 집약적인 에너지 운반체energy carrier가 필요할 것이다.

수소가 멋진 대안이 될 수 있다. 수소 1파운드(0.5킬로그램)는 석유 1파운드가 가진 것의 세 배 정도에 달하는 에너지를 포함한다. 만약 산소가스와 수소가스를 섞는다면, 그 혼합물을 점화하는 데 작은 스파크면 충분할 것이고, 이어서 엄청난 양의 에너지가 열의 형태로 방출될 것이다. 한편 산소와 수소는 결합하여 물이 된다. 특히나 햇볕이 내리쬐는 날에는 태양력발전소에서 생성되는 전기 일부가 물 분자들을 분리하는 데 사용될 수 있고, 그 결과 생기는 수소가스는 이후 사용을 위해 저장될 수 있다. 문제는 수소가 많은 공간을 차지한다는 사실이다. 1파운드의 수소가스를 저장하는 데 거의 50갤런(180리터)을 담을 수 있는 풍선 하나가 필요하다. 한편 휘발유 1파운드는 겨우 0.17갤런(0.5리터)을 차지할 뿐이다. 오늘날의 수소 자동차는 가스를 응축하여 더 작은 부피로 만들기 위해 많은 에너지를 사용하며, 우주왕복선은 화씨 -423도(섭씨 -253도)까지 냉각된 액체수소를 사용한다. 무언가를 그렇게 차갑게 유지하려면 극단적인 양의 에너지가 필요하다. 그래서 이는 승용차를 위한 실현 가능한 해결책이 아니다.

수소자동차는 모터 속에서 수소를 태우는 게 아니라 연료전지 내에서 화학 에너지를 바로 전류로 전환한다. 오늘날의 연료전지 대부분은 백금platinum을 함유하는데, 이는 수소 분자를 분리하여 전자를 방출하는 촉매가 된다. 백금은 지구 지각에서 가장 희귀한 금속 중 하나이고 구리와 니켈 광산의 부산물로서 일차적으로 추출된다. 남아프리카공화국은 단연코 세계 최대 생산국이며 가장 많은 백금 자원이 있다. 2017년에는 겨우 4개국만이 주목할 만한 백금 생산을 이루어 냈다. 오직 한 국가에 의해 생산이 지배되고 있으므로(덧붙여 말하면, 이 나라는 광산 채굴 파업과 다른 정치적 현안들로 고통을 받고 있다), 백금은 몇몇 나라의 당국이 특히 눈여겨보고 있는 원소에 속한다. 그러므로 수소는 모든 문제의 해결책이 되지 못한다. 하지만 우리의 에너지 도전 과제에 대한 일부 해결책인 것은 틀림없다.

발전소에서 나온 휘발유

점점 그 수가 증가하는 발전소들이 태양에너지를 포획하고 있으며, 이 에너지는 우리의 엔진과 보일러에서 방출되어 사회에 혜택을 준다. 생물 에너지는 우리가 새로운 시대로 들어가게 도와주는 신재생 에너지원 중 하나로 생산되고 있다. 이 해결책은 우리를 어디까지 데려갈 수 있을까?

어떤 면에서 생물 에너지는 오래된 뉴스다. 우리 역사 대부분을 통해 인간의 가장 중요한 에너지원이었기 때문이다. 금속 생산과 다른 산업에서 생물 에너지를 사용하는 바람에 세계 몇몇 지역에서는 대규모 삼림 벌채가 이루어졌다. 이는 지구의 인구가 오늘날의 10분의 1 이하였을 때, 그리고 각 개인이 지금보다 훨씬 적은 에너지를 사용했을 때 일어났다.

임업과 농업에서 나온 폐기물은 매혹적일 만큼 값싼 에너지 자원으로 보이겠지만, 이는 또한 자연 생태계의 자산이기도 하다. 유기물질은 탄소와 생물학적으로 이용할 수 있는 질소, 그리고 다른 영양분의 저장고로서 기능한다. 게다가 환경에서의 해로운 물질 분해를 돕고, 임상층forest floor에서 작은 생명체들을 위한 피난처를 제공하며, 홍수를 억제하고 토양 침식을 막아 주고 우리에게 더 깨끗한 공기와 물, 흙을 제공해 준다. 만약 우리가 너무 많은 유기물질을 토양과 숲에서 제거하면, 그곳에 비료를 뿌리고 오늘날 생태계로부터 공짜로 얻는 도움을 대체하기 위해서 에너지를 사용해야 할 것이다.

벌목 잔해는 곧바로 연료 탱크 안으로 넣을 수 있는 것이 아니다. 나무 속의 큰 분자들을 분해하여 연료로 사용될 수 있는, 에너지 밀도가 높은 액체 형태로 바꾸는 데도 많은 에너지가 필요하다. 화석 에너지원을 만들기 위해 자연은 고압과 고온, 수백 만년의 시간을 사용해 왔다.

자연적으로 콩기름이나 야자유 같은 많은 양의 기름, 혹은 사탕수수나 사탕무 같은 많은 양의 당을 포함하는 식물로부터 액체 연료를 생산하기는 더 쉽다. 그러나 우리는 실제로 최종 연료를 생산하려고 사용했던 것보다 더 많은 에너지를 얻고 있는가? 땅을 일구고 농작물을 수확하는 트랙터는 연료가 필요하다. 씨앗과 비료 생산도 에너지를 요구한다. 씨앗과 비료, 물은 들판으로 옮겨져야 하고, 농작물은 먼 곳으로 운송되어야 한다. 식물을 수확한 후에 그것을 말리고 갈고 열을 가하고 원심분리하고 증류해야 한다.

일조량이 많은 지역에서 에너지가 풍부한 식물을 재배한다면, 투입된 에너지의 50배에 달하는 양을 도로 찾는 것이 가능하다. 그러나 오늘날 시장에 나온 생물 연료 대부분에서는 투입된 양의 2~5배 사이의 에너지를 얻을 뿐이다. 나무처럼 더

　　　　　　　　　　　원소들의 놀라운 이야기

어려운 자원의 경우는 투입한 양만큼의 에너지만 되찾을 수 있다. 그런 경우 생물 연료의 생산은 자연에서 에너지를 추출하는 방법이라기보다는 '검은' 화석연료를 '녹색' 연료로 바꾸는 방법이 되는 것이다.

지금까지 누구도 대규모로 시도할 수 없었지만, 미래에 우리는 해가 밝은 지역의 파이프와 탱크에서 조류algae를 재배하여 생물 연료를 생산할 수 있을 것이다. 그러한 시스템의 효율은 궁극적으로 광합성 그 자체에 제한되는데, 광합성은 식물에 도달하는 태양광선의 겨우 12퍼센트만 에너지로 저장할 수 있도록 고안되었다. 같은 지역에 설치한 태양전지는 같은 태양광선의 약 20퍼센트(혹은 그 이상)를 바로 전기 에너지로 전환할 수 있다.

오늘날 우리는 석유를 먹는다

식량은 에너지원이었으나 오늘날 식량 생산은 실제로는 에너지 '낭비'다. 당신의 식탁 위 식품의 영양성분표를 읽어보면, 그것들이 얼마나 많은 에너지를 포함하고 있는지 알 수 있다. 그러면 이 식품을 생산하기 위해 주로 석유, 석탄, 가스의 형태로 10배나 많은 에너지가 사용되었을 수 있다는 생각을 할 수 있다. 에너지는 사회기반시설을 만드는 데 사용된다. 즉 생산, 포장, 냉동, 운송, 완제품의 준비는 물론이고 비료, 살충제, 씨앗을 생산하여 운반하고, 들판을 일구며, 관개 시스템을 작동시키고, 농작물을 건조시키며 원재료를 운송한다.

오랜 시간 동안 식품 생산을 위해 이용할 수 있는 거의 모든 지역을 사용해 왔다. 예를 들어, 노르웨이에서는 겨우 몇 십 년 전에 협만 지형의 모든 밭이 가축의 방목과 사료를 재배하는 데 사용되었다. 오늘날 가장 가파르고 접근하기 어려운 지역은 휴경지로 남아 있다. 1950년대 이후로 더 많은 땅이 경작되어서가 아니라, 농업 활동에 사용할 훨씬 많은 에너지를 공급하는 방법(예를 들면, 비료의 개발)이 발달되었기 때문에 세계 식량 생산은 극적으로 증가했다. 오늘날 세계 식량 생산은 풍부하고 값싼 화석에너지를 기반으로 증가하고 있다. 미래에는 침식과 기후 변화, 표층의 고갈, 지하수원 상실이 식량 생산의 조건을 더 어렵게 만들 것이고, 오늘날과 같은 양의 식량을 생산하는 데 더 많은 에너지가 필요할 것이다.

이것이 오늘날 우리가 처한 상황이다. 화석연료 에너지원은 지금도 고갈되고 있다. 만일 우리 후손들이 살 수 있는 기후를 확보하길 원한다면 석탄, 석유, 가스 태우기를 중단해야 한다는 사실을 우리는 안다. 하지만 산업, 운송, 식량 생산을 위

원소들의 놀라운 이야기

해 충분한 에너지를 얻는 것은 물론이고, 전기를 얻기 위해 모든 화력 발전을 재생할 수 있는 에너지원으로 대체하려는 움직임은 보이지 않고 있다. 풍부한 에너지를 소유하지 않은 사회는 복합적인 사회구조와 발전된 산업, 미래의 도전 과제를 해결하려는 연구를 지속할 수 없다. 우리는 뭐라도 해야 한다. 그것도 빨리.

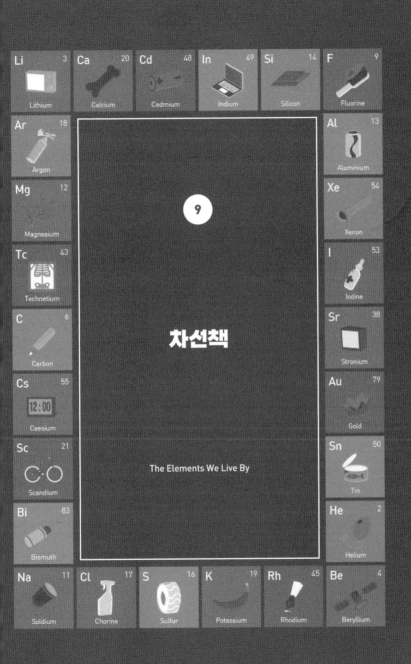

Li 3	Ca 20	Cd 48	In 49	Si 14	F 9
Lithium	Calcium	Cadmium	Indium	Silicon	Fluorine

Ar 18		Al 13
Argon		Aluminium

Mg 12		Xe 54
Magnesium		Xenon

Tc 43		I 53
Technetium		Iodine

9

C 6		Sr 38
Carbon		Stronium

차선책

Cs 55		Au 79
12:00		
Caesium		Gold

Sc 21		Sn 50
Scandium		Tin

The Elements We Live By

Bi 83		He 2
Bismuth		Helium

Na 11	Cl 17	S 16	K 19	Rh 45	Be 4
Soldium	Chorine	Sulfur	Potassium	Rhodium	Beryllium

내가 너무 회의적이라고? 사방에서 문제점들이 보인다. 너무
많은 쓰레기. 너무 적은 식량. 너무 부족한 에너지. 너무 비싼
강철. 내가 지금 사고의 틀에 갇혀 있다고? 우리 인간은 도달
할 수 없는 것에 도달할 수 있음을 반복해서 보여 주며 살아왔
지 않은가?

　내가 아직 언급하지 않은 미래에 관한 위대한 비전들 가운
데, 약간의 주의를 기울일 만한 가치가 있는 세 가지가 여기 있
다. 첫째, 무한하며 값싼 에너지를 얻을 가능성, 둘째, 우주에
서 자원을 추출할 수 있는 능력, 마지막으로 궁극적인 차선책,
즉 지구를 떠나 다른 행성에서 새로이 시작하는 것.

　　　　　　　　　　　　　원소들의 놀라운 이야기

무한한 에너지: 지구 위의 태양

태양으로부터 우리를 향해 지속해서 흐르는 에너지는 태양 내부의 핵융합 반응을 통해 방출된다. 이것은 수소와 헬륨처럼 가장 가벼운 원소의 핵이 합쳐져 다른 더 무거운 원소가 되는 과정에서 남는 에너지다. 만약 우리가 태양의 핵융합과 똑같은 반응을 일으킬 수 있는 기계를 가지고 있다면, 우리가 가진 풍부한 원소들로부터 엄청난 양의 에너지를 생산할 수 있다.

그러나 이건 말이 쉽지, 하기 어렵다. 융합반응을 위해선 핵들이 엄청난 힘으로 함께 압력을 받아야 한다. 태양 내부 온도는 화씨 2700만도(섭씨 1500만도) 정도이며, 지구 표면 공기압력의 3400억 배에 달하는 압력을 가지고 있다. 이것은 지구상의 원자로에서 만들 수 있는 상태를 뛰어넘는다.

보통의 수소는 원자핵 안에 하나의 양성자만 가지는데, 만약 이 수소가 하나 혹은 두 개의 추가 중성자를 가지는 더 무거운 유형의 수소에 의해 대체된다면, 이는 더 극복하기 좋은 문제가 된다. 이 변종 수소를 중수소deuterium와 삼중수소tritium라고 부른다. 중수소 원자의 무게는 평범한 수소의 2배다. 이것이 물 분자 속에서 수소의 위치를 차지하면 우리는 중수heavy water라는 것을 얻게 된다. 이러한 형태의 물은 노르스크 하이드로에 의해 생산되었으며, 제2차 세계대전 동안 발전소에 대한 사보타주 작전sabotage action(시설 파괴 작전—옮긴이)의 원인이 되었다. 중수는 플루토늄으로 핵무기를 생산하는 데 유용하기 때문이다(만일 이 이야기가 익숙지 않다면, 1965년작 영화 〈텔레마크의 영웅들The Heroes of Telemark〉을 보라). 삼중수소는 중수소의 변종인데, 형성된 지 몇 년 안에 분해되어 다른 원소가 되는 극도로 불안정한 물질이다.

만약 우리가 핵 원자로에서 삼중수소의 사용을 원한다면 우선 그것을 직접 만들어야 한다. 오늘날 삼중수소는 지구상 모든 리튬의 10퍼센트 이하를 구성하는 희소한 리튬 변종에 의해 생산된다.

수소는 무한한 자원일 수 있지만 리튬은 그렇지 않다. 계산해 보면 우리가 지구 지각에서 발굴할 수 있는 모든 리튬을 핵 원자로에서 사용하고자 한다면, 앞으로 약 1000년간 오늘날의 에너지 소비를 지탱할 수 있을 것이다. 게다가 중수소와 리튬 모두 바닷물에서 발견된다. 바다에서 이들 원소를 추출하는 효과적인 방법이 있다면, 우리는 다가올 수백만 년 동안 인간의 에너지 필요량을 충당할 만큼 얻을 수 있다.

핵 원자로에서 전자들이 원자에서 분리되어야 원자핵이 서로 융합할 수 있을 만큼 가까이 다가갈 수 있다. 매우 뜨거워서 전자들이 원자에서 분리된 가스를 플라스마plasma라고 부

원소들의 놀라운 이야기

른다. 지구에서 우리는 번개나 북극광에서 플라스마를 발견할 수 있다. 플라스마의 문제점은 퍼져 나가려는 경향이 있어서 빠르게 냉각된다는 것이다. 별들은 매우 크고 무거워서 그들의 중력장은 뜨거운 플라스마를 제자리에 붙들 수 있지만, 이것은 지구의 작은 조약돌에서는 일어날 수 없다. 우리가 선택할 수 있는 하나의 방법은 특정 형태의 자기장 안에 플라스마를 포획하기 위해 자석을 사용하는 것이다. 만약 플라스마가 절대로 벽에 접촉하지 않는 방식으로 원자로가 고안된다면, 플라스마의 열은 주변으로 사라지지 않을 것이고 원자로의 벽이 녹거나 타 버리는 일은 없을 것이다.

철의 장막을 사이에 두던 냉전시대에 핵융합에너지의 사용을 추구하기 시작했다. 1968년 소비에트연방의 과학자들은 토카막tokamak이라 불리는 도넛 모양의 자기장 안에 존재하는 고온 플라스마를 생산해 냈다고 보고했다. 얼마 지나지 않아서 영국 과학자들도 같은 일을 해냈다. 오늘날 전 세계의 과학자들은 세계에서 가장 큰 핵융합실험 장치인 ITERInternational Thermonuclear Experimental Reactor(국제핵융합실험로)를 프랑스에 짓기 위해 협력하고 있다. 만일 모든 것이 계획대로 진행된다면, ITER의 토카막은 2025년에 최초의 플라스마를 생산해 낼 것이다.

토카막이 가진 문제점은 고도로 정확하게 조절되어야 한다는 것과 자기장은 오직 시스템 내 전류가 계속 강해지는 경우에만 유지된다는 사실이다. 이는 명백히 오랫동안 유지될 수 없다. 그래서 ITER의 기술자들은 실험로를 차단하여 냉각시키기 전 약 30분 동안 플라스마를 생산해 낼 수 있기를 바라고 있다. 반응물질이 실험로 안에서 사용될 때, 일정하게 온도를 변동시키는 일은 매우 어려울 것이다.

대안으로 떠오른 스텔러레이터stellarator라는 미래적인 이름의 핵융합 장치는 실험로가 중단없이 가동될 수 있게 하는 극도로 복잡한 모양의 자기장을 형성한다. 그러한 실험로는 1950년대에 처음 제안되었으나, 1980년대가 되어서야 물리학자들이 그 복잡한 구조를 고안하는 일에 착수할 수 있을 만큼 컴퓨터의 성능이 나아졌다. 2016년 독일의 스텔러레이터인 벤델슈타인 7-XWendelstein 7-X는 섭씨 1000만 도 이상 온도에서 약 1초간 수소 플라스마를 유지하는 데 성공했고, 공학자들은 현재 그 원자로를 업그레이드하기 위해 연구하고 있다.

핵융합은 실험로 내에 고온이 유지되는 한 가능할 것이다. 만일 무언가가 잘못되어 실험로가 자기장을 통제할 수 없게 된다면, 모든 것이 멈춰 버릴 것이다. 그러므로 체르노빌과 후쿠시마의 핵발전소 사고에서 알게 된 것처럼, 통제되지 않는

원소들의 놀라운 이야기

핵반응과 폭발 또는 원자로 노심의 용융meltdown이 일어날 위험은 없다. 또한 핵융합 실험로는 오늘날의 핵발전소보다 훨씬 적은 폐기물을 낼 것이다. 그러나 핵융합에서 방출되는 중성자가 실험로 안의 물질을 때릴 때, 몇 백 년간 특수 폐기물로 취급되어야 할 약간의 방사성 폐기물이 생길 것이다.

개발이 느리다 해도 우리가 핵융합 발전소를 짓는 데 성공하지 말아야 할 이유는 전혀 없다. 100년, 200년 또는 500년 후에 바닷물이 우리의 가장 중요한 에너지원이 될 수도 있다. 필요한 것은 성공할 때까지 주요 연구 프로그램을 운영할 만큼의 자본과 자원이다. 그러나 한 가지 의문이 남는다. 거의 없어지지 않는 청정 에너지원이 정말 우리의 모든 문제를 끝낼 수 있을까?

꼭 그렇지만은 않다. 에너지가 정말로 우리의 첫 번째 수요이긴 하지만 충분한 에너지를 소유한다고 해서 우리의 다른 물질적인 필요가 자동으로 해결되는 것은 아니다. 자전거의 기어는 여전히 닳아 없어질 테고 강철탑은 여전히 녹슬 것이다. 우리가 잃는 것을 대체하기 위해서, 점점 더 많은 양의 돌을 계속 으깨 부수어야 할 것이다. 이용할 수 있는 에너지를 아무리 많이 가지고 있다 해도 지구 지각에 구멍을 뚫어 생기는 찌꺼기 더미가 다시 새로운 바위가 되지는 않는다. 아마도 땅이 완전히 파 일구어져 가루가 되는 세상에서는 충분한 물질을 소유하게 되겠지만, 그것이 정확히 우리가 원하는 것은 아니다.

게다가 우리는 여전히 식량, 공기, 물이 필요하다. 깨끗한 공기와 깨끗한 물, 비옥한 흙은 단순한 에너지 이상을 요구한다. 이들은 제대로 작동하는 생태계를 요구하며, 생태계는 연속적이고 취약한 대규모의 메커니즘들이 서로 작용하는 능력과 올바른 종류의 충분한 영양분에 의존한다.

우주의 원소들

우리가 추출해야 하는 지구 자원의 총량이 한계에 도달한 것처럼 보인다. 하지만 왜 우리 자신을 지구에만 한정 지어야 하는가? 우리는 실제로 전 우주를 소유하고 있으므로 그것을 이용하면 된다.

우리는 이미 우주에서 온 물질을 사용하고 있다. 하늘에서 떨어진 철로 만든 투탕카멘의 단검을 보라. 비록 대부분이 먼지 하나 크기지만, 해마다 수만 개의 운석이 지구 표면을 강타한다. 우리는 해마다 우주로부터 철 2500톤, 니켈 600톤, 코발트 100톤 정도를 얻는다. 이와 비교하여, 해마다 지구 지각에

원소들의 놀라운 이야기

서 철 15억 톤, 니켈 200만 톤, 코발트 11만 톤을 추출하고 있다. 우주가 물질들로 가득 차 있다는 것은 사실이다. 우리 태양계에만도 수천 개의 소행성이 있다. 이는 태양 주위를 돌지만 다른 행성보다는 크기가 훨씬 작다. 가장 작은 것은 조약돌 크기다. 반면 가장 크다고 알려진 케레스Ceres 소행성은 600마일 정도의 지름을 가지고 있다. 대부분의 소행성은 지구에서 2~3억 마일(3~5억 킬로미터) 떨어진 곳 어딘가에 화성과 목성 사이의 띠 속에서 발견된다. 또한 지구 쪽으로 더 가까운 곳에 몇천 개의 소행성들이 있을 확률이 높다. 그중 250개가 알려져 있으나, 1000개가 넘는 상당히 큰 물체들이 미래의 어느 날 지구에 부딪칠 수 있을 만큼 가까워질 것이다.

소행성들은 멀리 떨어져 있어서 연구하기 어렵다. 그 구성에 관해 과학자들이 알고 있는 것은, 소행성 표면에서 반사돼 지구로 오는 빛이나 소행성을 상대적으로 가까이 지나치는 우주 탐사 로켓space probe에 의해 찍힌 영상으로부터 알게 된 사항들이다. 그들은 실제로 지구에 떨어진 운석을 연구하여, 그 운석들이 소행성과 일부 유사성을 지닌다고 가정하기도 한다.

지금까지 과학자들은 알려진 소행성들의 4분의 3 정도가 탄소와 산소 그리고 지구상에 흔한 다른 원소들로 이루어져 있다는 사실을 알아냈다. 그것들은 또한 얼음 형태로 상당한 양의 물을 함유하고 있다. 그다음으로 흔한 유형의 소행성은 주로 철, 실리콘, 마그네슘으로 이루어졌으며, 소행성의 10퍼센트 이하가 코발트, 금, 백금, 팔라듐palladium 같은 값비싼 금속들과 함께 금속 철metallic iron을 함유하고 있다.

태양계 내의 원자재 총량은 헤아릴 수 없고, 그것들을 채굴할 계획이 있는 영리 회사가 이미 존재한다. 행성이나 달보다 소행성에서의 물질 채굴이 더 쉬울 것이다. 소행성은 작아서 중력장이 거의 없기 때문이다. 이는 우주선이 표면 위에 착륙할 때 제동을 걸기 위해 에너지를 사용할 필요가 없다는 뜻이고, 더 중요한 사실은 우주선 자체와 추출된 물질을 표면 위로 들어 올려 우주로 보내기 위해 많은 에너지를 사용할 필요가 없음을 의미한다. 소행성에서의 채굴은 물질을 꺼내 일종의 회전 바퀴 안에서 원하는 광물질을 분류한 뒤, 지구로 끌고 가기 위해 물질이 스스로 떠오르게 하거나 거대한 망 안에 모이게 하는 것을 포함한다.

주된 단점은 소행성이 우리에게서 너무 멀리 떨어져 있다는 사실이다. 만약 사람들이 광부로서 우주로 보내진다면, 그들은 적어도 몇 년 동안 비행할 각오를 해야 할 것이다. 현재까지 몇 안 되는 사람만 우주에서 1년 정도를 보낸 적이 있고, 그 결과는 긍정적이지 않다. 오랜 기간 무중력상태에 있으면 근육, 혈액, 균형감각, 시력이 손상된다. 우주비행사를 보내는 것의 대안은 모든 임무를 수행하기 위해 무인탐사선을 사용하는 것이다. 더 쉬운 선택지는 소행성을 잡아서 달 주변의 궤도처럼 지구에 더 가까운 장소로 끌고 온 다음, 그것을 해체하기 위해 우주비행사를 올려보내 더 짧은 기간만 우주 비행을 시키는 것이다.

아마도 미래에는 지구의 광산이 아닌 우주로부터 우리가 필요한 모든 것을 얻게 되어, 지구 생태계에 더 이상의 부담을 지우지 않게 될 것이다. 우주선을 우주로 보내 원자재를 가져오는 데 필요한 연료를 생산하기 위해 핵융합에너지를 사용할수도 있다. 이론적으로는 근사한 생각이지만 현실적으로는 엄청난 도전이다. 지구의 광산은 곡괭이와 삽, 약간의 화학물질 그리고 연료를 사용할 권한을 소유한 사람이라면 거의 누구나 운영할 수 있다. 그러나 우주여행은 부자들만을 위해 마련된 엄청나게 비싸고 복잡한 계획이다. 우주로부터 필요한 모든 것을 얻는 사회는 오늘날 우리가 알고 있는 세계와는 꽤 다르게 구성될 것이다.

여전히 우리는 소행성에서 지구로 자원을 운송할 준비가 완전히 되어 있지 않다. 하지만 이전에 한 번 실행된 적이 있다. 2010년에 캡슐 하나가 이토카와 소행성에서 일본 탐사선

하야부사에 의해 수집된 소량의 가루를 가지고 지구에 도착했다. 2018년 6월, 하야부사 2호가 류구Ryugu 소행성에 가까스로 착륙했다는 소식이 전해졌다. 일본과 미국의 우주 프로그램에 참여한 과학자들은 2020년에 류구로부터 몇 그램의 물질을 얻을 수 있기를 희망하고 있다(2020년에 하야부사 2호가 소행성 류구에서 표본을 가져왔고, 여기에는 고체, 액체, 기체가 모두 포함되었다—옮긴이). 나사는 2016년 오시리스-렉스OSIRIS-REx라는 자체 우주선을 보냈다. 그것은 2018년 12월에 벤누Bennu 소행성에 도착했고, 로봇팔로 표면에서 가루와 돌을 파내 몇 파운드의 물질을 수집하기로 계획했으며, 2023년에 지구로 돌아오기를 기대하고 있다. 지구에서 가장 가까운 소행성으로의 이들 탐사는, 특정하지 않은 몇 파운드에 불과한 물질을 수집하는 데 약 7년이라는 시간이 걸린다.

우주에서 얻은 원소에 기반을 둔 미래에는 핵융합에너지의 발전과 마찬가지로, 오랜 기간에 걸쳐 큰 규모의 비싼 연구 프로그램이 필요할 것이다. 달리 말하면, 가까운 미래에 일어날 수 있는 문제에 대한 간단한 해결책과는 거리가 멀다.

우주에서 돈을 벌고 싶어 하는 영리 회사들은 소행성에서 얻은 금과 코발트를 팔아 이윤을 남기고, 우주에서의 유용한 자원으로 자신들의 관심을 옮기기까지 오랜 시간이 걸린다는

원소들의 놀라운 이야기

사실을 인식하고 있다. 지구 표면에서 물질을 올려 보내는 데는 비용이 많이 든다. 그래서 우주비행사가 더 오랜 기간 우주에 머무를 예정이라면, 지구 대기권 밖에서 그들이 필요로 하는 물과 산소를 구하는 것이 중요하다. 회사들은 대부분의 흔한 소행성에서 얼음을 채취하여 미래 여행에서 우주비행사들이 사용할 수 있도록, 태양계 내 전략적 장소에 있는 정거장에 놓아 둘 수 있다. 태양에너지의 도움으로 얼음은 산소와 수소 모두를 생산하기 위해 사용될 수 있는데, 이는 우주선의 연료로도 사용될 수 있다. 단기적으로는 우주에서 얻은 자원이 지구상의 사회기반시설을 짓는 데 사용되지 않고 그곳에 머무르게 될 것이다.

지구에서 먼 곳에?

만일 우리가 일론 머스크Elon Musk와 고 스티븐 호킹Stephen Hawking처럼 오늘날 가장 통찰력 있는 사상가 중 일부를 믿는다면, 인류의 미래는 지구 위에 있지 않다. 우리가 처음부터 살았던 행성이 앞으로 많은 세대 동안 우리를 돌볼 수 없을 것으로 보인다. 이제 인간은 다른 행성으로 이주해야 한다. 당신이 비관적인 성향이라면, 이미 충분히 많은 문제가 보일 것이다.

기후변화와 생태계 붕괴, 자원의 고갈은 우리가 밖으로 이주할 충분한 이유가 된다.

죽어 가는 행성을 벗어나려고 우주로 떠나는 사람들은 많은 영화와 책의 주제였다. 2016년 8월, 나는 물리학자 킵 손Kip Thorne의 강연을 보기 위해 오슬로대학 도서관에 있었다. 그는 중력파에 관한 연구로 그다음 해에 노벨상을 받았다. 그의 2016년 강연 주제는 영화 〈인터스텔라Interstellar〉의 배경이 되는 물리학이었다. 이 영화에서는 생태학적 재앙으로 지구가 황폐화한 후, 한 무리의 용감한 우주비행사들이 앞으로 인류가 살아갈 새로운 행성을 찾기 위해 우주로 보내진다.

그 영화에서 과학자들이 마주한 최대의 도전 과제는 알맞은 대체 행성을 찾거나 우주비행사들이 수천 년씩 걸릴 필요 없이 목적지에 도착한 뒤 돌아올 수 있는 우주 속 웜홀wormhole을 발견하는 것이 아니었다. 가장 어려운 것은 많은 사람을 지면에서 벗어나게 하는 것이었다. 우리 행성의 중력은 만만치 않다. 겨우 몇 톤의 인공위성을 우주로 쏘아 올리는 데 거대한 연료탱크를 가진 로켓이 필요하다. 단지 모든 사람이 우주여행을 할 만큼의 에너지가 없는 것이다.

〈인터스텔라〉에서는 지구인 대부분이 이미 기아와 재난으로 죽었다는 사실 때문에 이 임무가 더 쉬웠다. 그리고 영화의

원소들의 놀라운 이야기

끝부분에, 우리의 영웅은 잠시 지구의 중력을 끄는 방법을 이해하도록 도와준 일부 다차원적 존재들을 블랙홀 중심에서 만나는데, 이로써 엄청난 수의 인간 이민자들을 우주로 보낼 수 있게 된다.

"그것은 무모한 생각이지만 우리는 그게 불가능하다는 것을 확실히 알 수는 없어요." 킵 손은 도서관에서 대중을 향해 얘기했다. 사실이다. 어떤 것이 불가능함을 증명하는 것은 불가능하다. 그러나 동시에, 나는 이것이 우리가 이성적으로 우리의 미래를 걸 수 있는 어떤 것이라고는 생각하지 않는다.

우리 태양계에 인간이 거주할 수 있는 다른 행성은 없다. 생명체는 우리가 거주하는 행성을 흙과 물, 숨 쉴 수 있는 충분한 산소, 해로운 방사선으로부터 우리를 보호해 주는 가장 바깥쪽 대기권의 오존층을 갖추고 살 수 있는 곳으로 변화시키는 데 수억 년이 걸렸다. 우리의 근육과 골격, 혈관은 우리가 지구에서 받는 중력에 정확히 적응되어 있다. 우리는 화성의 땅 아래 깊은 곳에 식민지를 건설할 수 있고, 행성 전체의 대기권을 변화시키는 법을 알아내기를, 그래서 언젠가는 그곳 표면 위에 동식물이 살 수 있게 되기를 바란다. 그러나 우리가 이미 소유하고 있는 행성을 돌보는 방법에 관해 얼마나 형편없이 이해하고 있는지를 고려하면, 이러한 제안은 실현될 것 같지 않아 보인다.

아마 다른 별 주위를 공전하고 있는, 살 수 있는 행성이 이미 존재할 것이다. 가장 가까운 이웃 별은 4광년 떨어져 있는데, 이는 달까지의 거리보다 1억 배 먼 거리다. 그곳에 도달하는 데 수백 년이 걸릴 것이다. 그래서 그곳에 도착할 기회를 가진 사람들은 우리가 보낸 우주비행사들의 먼 후손들일 것이다. 그들은 어딘가로 여행할 기회가 없을 것이다. 그리고 우리가 수 광년 떨어진 행성에 대해 아는 것이 거의 없다는 점을 고려해 볼 때, 그들도 도착한 행성에 대해 아는 사실이 그리 많지 않을 것이다. 그리고 아마 가장 중요한 것은, 마침내 목적지에 도착했을 때 도움을 요청하기 위해 지구로 연락할 수조차 없다는 것이다. 그 신호가 지구에 사는 우리에게 도달하는 데 수년이 걸릴 것이다. 이것이 우리의 후손들에게 주고 싶은 미래인가?

대체로 지구상의 문제가 아무리 커 보인다 해도, 이들 새로운 계획들은 훨씬 더 어려워 보인다. 그리고 우리가 청정에너지, 우주로부터의 자원, 다른 행성으로의 정착을 위한 기술을 발달시킬 기회가 있다 해도, 우리는 먼저 다가올 수십 년 또는 수 세기 동안 지구상의 풍요롭고도 복잡한 사회를 어떻게 하든 여전히 유지해야 한다.

원소들의 놀라운 이야기

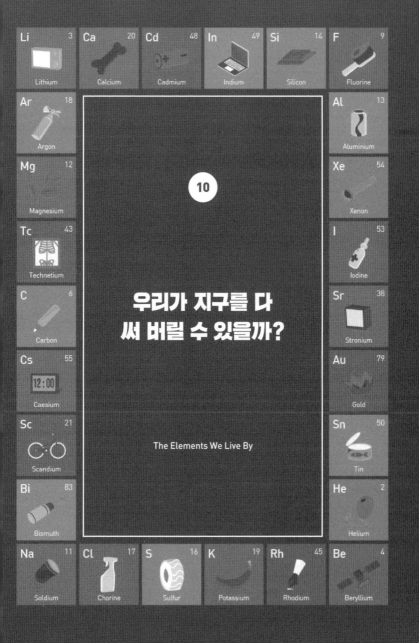

| Li 3 — Lithium | Ca 20 — Calcium | Cd 48 — Cadmium | In 49 — Indium | Si 14 — Silicon | F 9 — Fluorine |

10

우리가 지구를 다 써 버릴 수 있을까?

The Elements We Live By

| Ar 18 — Argon |
| Mg 12 — Magnesium |
| Tc 43 — Technetium |
| C 6 — Carbon |
| Cs 55 — Caesium |
| Sc 21 — Scandium |
| Bi 83 — Bismuth |

| Al 13 — Aluminium |
| Xe 54 — Xenon |
| I 53 — Iodine |
| Sr 38 — Stronium |
| Au 79 — Gold |
| Sn 50 — Tin |
| He 2 — Helium |

| Na 11 — Soldium | Cl 17 — Chorine | S 16 — Sulfur | K 19 — Potassium | Rh 45 — Rhodium | Be 4 — Beryllium |

우리는 지구를 다 써 버릴 수 없다. 사실 '다 써 버린다'라는 표현은 잘못됐다. 우리가 지구상에서 소유한 모든 것은 이곳 지구상에 남아 있다(가장 가벼운 기체들은 예외로 하자). 헬륨은 사용하면 공기 중으로 사라진다(이 자체가 근심거리라서 아마 다음번 당신 생일파티를 위해 헬륨 풍선은 사지 않을 것이 뻔하다). 하지만 물건이나 우리 몸을 구성하는 데 쓰이는 철, 알루미늄, 금, 탄소는 전부 다른 순환으로 들어가서 항상 우리 행성에 머물러 있다. 지구의 순환은 다음번 사용을 위해 (그리고 기다릴 시간을 가진 사람들을 위해) 반드시 모든 것을 정화하고 모으며 준비시킬 것이다.

그리고 우리가 시간을 항상 소유하고 있는 것은 아니다. 물도 그렇다. 공기도 대부분 그렇다. 식물 또한 비옥한 흙에 새 씨앗을 뿌리는 한 재생할 수 있는 자원이다. 하지만 철과 알루미늄은 어떤가? 어림도 없다. 자연이 바다와 육지 전체에 뿌려 놓은 철 원자 모두를 재조합하여 매장량을 형성하고 우리가 다시 한번 철을 파내는 데 수백만 년이 걸릴 것이다. 이렇게 되려면 화산 활동과 대륙판의 이동이 필요하다. 우리가 추출하는 철 대부분은 지구 역사의 중요한 변화에서 기인하는데, 이때 생명체는 생전 처음으로 산소를 생산하기 시작했다. 그리고 이는 다시 일어나리라고 기대할 수 없다.

이러한 순환은 너무 느려서 실제로 자원들은 재생 불가능하다. 잃어버린 것은 상실되고 지각에서 생산된 것은 다시 채굴될 수 없다.

성장의 한계

1972년 《성장의 한계The Limits to Growth》라는 책이 이 질문을 두고 집중 조명을 받았다. 저자 중에는 노르웨이 물리학자 요르겐 랜더스Jørgen Randers가 있었는데, 그는 후에 BI 노르웨이경영대학원BI Norwegian Business School의 경제학 교수이자 학장이 되었다. 이 책은 미래에 상품가격, 식량 생산, 오염, 인구 증가가 어떻게 나아갈지에 관한 다양한 시나리오를 계산하기 위해, 전 세계 경제의 컴퓨터 모델 결과를 제시했는데, 이는 가장 좋은 매장물이 고갈되어 감에 따라 자원을 추출하는 데 더 많은 에너지와 돈이 요구될 것이라고 가정한다.

이 책의 가장 두드러진 결론은 계속되는 성장으로 우리가 다른 자원들로부터 얼마나 많은 것을 추출할 수 있을지와 지구가 얼마나 많은 양의 폐기물을 감당할 수 있을지에 대한 많은 자연적 한계에 필연적으로 직면하게 된다는 것이다. 이 모델에 의하면 인구가 계속 증가하고 우리 삶의 기준이 계속 높아지면, 사회는 지속되는 성장을 감당하기 위해 더 증가한 자원량이 필요할 것이다. 아마 21세기의 어느 시점에 사회는 필요한 생산수준을 더 이상 유지할 수 없을 것이다. 생산의 감소는 경기 침체와 식량 생산 감소, 더 가난해진 삶의 기준, 그리고 결국 인구 감소로 이어질 것이다. 책의 저자들은 낙관적인 어조로 이야기하고 있다. 그들의 모델에 의하면, 만일 사회가 (예를 들어, 자녀 교육이나 노인 부양, 재정적 안정을 위해 사람들이 출산을 기피하게 함으로써) 인구 증가 속도와 (자연적 한계를 너무 벗어나기 전에) 생산 증가의 속도를 점차 늦추다가 멈춰 버리도록 결정할 경우, 대부분 사람에게 큰 부담을 주지 않으면서 이러한 일이 온화한 방식으로 일어날 것이다. 다른 한편, 만일 이미

　　　　　　　　　　　　원소들의 놀라운 이야기

한계를 넘어선 것이 명확해질 때까지 이들 한계가 존재한다는 사실을 무시한다면 경제 붕괴, 기근, 통제되지 않는 인구 감소 같은 더 극적인 결과가 초래될 것이다. 1972년 당시에는 여전히 우리 앞에 많은 시간이 있었고, 세상의 상식과 지혜를 통해 이성적인 방법으로 프로젝트를 완성하는 데 성공할 수도 있었다.

이 책은 광범위한 논쟁을 일으키며 전 세계적으로 수백만 권이 팔려 나갔다. 비평가들은 이 책이 현실에 대한 단순화된 자화상에 기반한다고 믿었다(그리고 지금도 그렇게 믿고 있다). 세계 경제는 데이터 모델에 기반을 둔 법칙처럼 그렇게 단순하지 않다. 비평가들은 이 책이 궁극적인 자원, 즉 '인간의 지성'을 간과했다고 말한다. 만약 어떤 자연 자원이 희소하다면, 우리는 새롭고 더 좋은 복구 방법을 찾는다. 석유의 양이 너무 적으면 태양광 패널과 풍력 터빈으로 우리가 필요로 하는 에너지를 얻는다. 이렇게 우리는 어려운 상황에서 항상 벗어날 수 있다. 사실 우리에게는 그 어떤 한계도 존재하지 않는다.

1972년이 여러 학회가 임박한 자원 부족과 사회 붕괴를 처음으로 경고했던 때는 아니다. 역사를 통틀어 한계에 관한 관심은 몇 번이고 계속 생겨났다. 가장 잘 알려진 비관론자 중 한 명인 토머스 맬서스Thomas Malthus는 1798년에 인구 증가가 기근을 초래할 것이라고 경고했다. 1766년에 사회경제학의 창시자로 알려진 애덤 스미스Adam Smith는 다른 모든 생명체처럼 인간이 어떻게 특정 자연적 한계 안에 남아 있어야 하는지 설명했다. 아마도 앞날에 대해 우울한 그림을 그렸던 이 오래된 역사는 이제 종말의 예언을 끝내라고 주장하는 것인지도 모른다. 공정하게 말하면, 지금까지는 잘되어 왔다. 자연적 한계에 더 이상 관심을 가질 필요가 없음을 우리 인간은 이미 스스로 증명한 것이다. 이는 사실일까? 현시점까지 모든 것이 잘되어 왔으니 앞으로도 영원히 계속 잘되리라는 생각은 옳은가?

점점 더 빨라지는 성장

사회에서의 성장은 그것이 인구 증가이든 경제 성장이든 보통 퍼센트로 설명된다. 경제가 1년마다 2퍼센트 성장한다는 것은 은행에 넣어둔 돈에 이자가 붙을 때와 똑같은 상황을 묘사한다. 예를 들어, 10퍼센트 이자율의 저축 계좌에 100달러를 넣어 둔다면, 1년 후 같은 계좌에 110달러가 있게 된다. 그해 이윤은 100달러의 10퍼센트, 즉 10달러다. 다시 1년 뒤에는 110달러의 10퍼센트인 11달러를 가지게 된다. 그러면 계좌 잔고

원소들의 놀라운 이야기

는 121달러로 증가한다. 다시 1년 뒤에 당신은 12.1달러를 벌게 된다. 이자율이 똑같을지라도 당신은 해마다 더 많은 돈을 벌게 된다(단 그 계좌에서 전혀 돈을 인출하지 않았을 때 그렇다). 8년 뒤에는 그 계좌에 200달러 이상이 있게 된다. 얼마의 돈으로 시작했든지 간에 10퍼센트 이자율로 7년 4개월 후 처음 금액의 두 배가 된다.

뭔가가 해마다 특정 퍼센트씩 증가하는 유형의 성장을 '기하급수적 성장exponential growth'이라고 부른다. 어떤 것이 기하급수적으로 증가할 때 총합은 항상 점점 더 가파르게 증가한다. 성장이 시간에 따라 변화한다 하면, 이는 지구상의 인구수와 우리가 사용하는 자원량에 관해서도 마찬가지다.

커다란 스포츠 경기장에서 높은 곳에 위치한 좌석 한곳에 앉아 있다고 상상해 보라.

스타디움으로 들어가고 나오는 모든 문이 닫혀 있다.

그리고 누군가 경기장 중앙에 특별한 물 한 방울을 떨어뜨린다. 마법으로 이 물방울이 1분마다 두 배씩 증가한다고 해보자.

처음에는 그리 많은 일이 발생하지 않는다. 그 물방울이 유리컵을 채울 만큼 늘어나는 데 12분 정도가 걸린다. 아직은 관중석에서 그것을 볼 수 없다. 44분 후에 경기장의 절반에만 물이 찰 것이고, 당신의 발이 젖기 전에 경기장을 빠져나갈 시간이 여전히 있다.

그러나 1분마다 물이 두 배씩 불어나므로, 경기장은 단 1분후에 물로 완전히 가득 차게 된다. 5분 전만 해도 물은 경기장부피의 4퍼센트만 차지했다. 그때 당신은 뭔가가 일어날 것이라고 전혀 인식하지 못했다.

기하급수적 성장 시스템에서 우리는 항상 매우 특별한 시간 속에 있다. 성장이 해마다 똑같은 퍼센트로 발생해도 절대적인 성장은 점점 더 커진다. 해마다 우리는 전보다 더 많은 것을 갖게 된다. 지금까지는 모든 것이 괜찮았지만 이는 앞으로도 같은 식으로 지속될 것이라는 뜻은 아니다. 어느 날 우리는 물속에 머리가 잠긴 채 이 일이 갑자기 생겼다고 느끼며 앉아 있게 될 것이다.

아마도 우리는 꽤 심하게 지구의 한계에 부딪히고 있는 시대에 사는 사람일 것이다. 적어도 우리의 가까운 후손들은 이에 해당할 것이다. 오래전에 우리에게 경고했던 사람들이 틀렸다는 뜻이 아니다. 우리가 귀를 기울였더라면, 오늘날 더 좋은 조건을 가졌을 것이라는 뜻이다.

원소들의 놀라운 이야기

경제 성장의 필요성

물리학자인 나로서는 자연적 한계가 존재해야 한다는 사실이 명확해 보인다. 그래서 경제학자들이 지속적인 성장을 계속 주장하는 이유를 이해하는 것이 내게는 어려웠다. 세계에서 가장 가난한 나라들은 시민과 정부가 생활 기준의 향상을 위해 소비를 증가시키도록 할 필요가 절실하다는 사실에 나는 동의한다. 노르웨이는 전 세계에서 가장 높은 생활 수준을 보인다. 우리는 이미 충분히 가지고 있지 않은가? 더 적게 일하고 더 많은 여가를 가져야 할 때가 아닌가? 우리의 경제는 왜 계속 성장해야만 하는가?

그 대답은 경제 자체에 있음이 증명되었다. 우리 경제는 성장을 기반으로 설계되었고, 많은 이들이 성장을 대체할 수 있는 것은 안정이 아니라 붕괴라고 말할 것이다.

이윽고 어느 시점에 돈은 절대적인 가치의 수단이 되었다. 금화는 동전으로서의 가치도 있지만 금으로서의 가치도 있다. 나중에 금화는 다른 덜 값나가는 금속으로 만든 동전과 지폐로 대체되었는데, 본질적으로 그것들 자체로는 실제 가치가 전혀 없다. 이들은 은행 금고에 놓인 특정한 양의 가치(특히 금으로 환산한 가치)를 상징했다. 사람들은 값비싼 금을 가지고 다니는 대신 금을 상징하는 돈을 가지고 거래할 수 있었다.

허나 오늘날에는 그렇게 단순하지 않다.

당신이 동네 빵집 하나를 열고 싶다고 상상해 보라. 임대하고 장비를 사고, 주방장과 웨이터를 고용하는 데 돈이 들 것이다. 그러나 일정 시간이 지나면 빵집을 시작하려고 감당했던 모든 비용보다 빵집 운영으로 벌 돈이 더 많을 것이라 기대한다. 그러므로 당신은 대출을 받으러 은행에 간다.

은행은 당신의 계획을 검토하고 당신에게 사업 시작에 필요한 돈을 빌려주는 데 동의한다. 이 돈은 은행이 착해서 주는 것이 아니다. 가치를 올릴 기회를 추구하는 것이 사업이다. 만약 은행이 돈을 그대로 놔둔다면 원래의 가치를 보유하는 데만 그칠 것이다. 하지만 당신에게 돈을 빌려준다면, 당신은 그 돈의 본래 가치보다 훨씬 더 많은 가치를 얻는 사업을 시작하려고 돈을 사용할 것이다. 몇 년 후에 상당한 액수의 이자뿐 아니라 은행에서 빌린 원금을 갚을 수 있다. 은행은 대출로 돈을 벌고, 당신은 빵집으로 돈을 번다. 모두가 행복해지는 것이다. 이것이 우리 경제를 진전시키는 원칙이다. 우리는 미래에 상황이 더 좋아질 것이라고 믿는다. 은행 지폐의 가치는 금이 아니라 미래에 대한 희망에 있다. 젊을 때는 현금으로 낼 만큼의 돈을 저축한다고 굳이 아파트 사는 것을 기다리지 않는다. 실제 구매 가격보다 더 큰 비용이 드는 은행 대출을 받아 해결한다. 그러나 그것은 미래에 더 높은 임금을 받을 것이라 기대하기 때문에 가능하다. 회사는 주식을 팔아 낡은 설비를 바꿀 돈을 얻고 새로운 운영을 시작하는데, 구매자들이 앞으로 회사가 성공하리라 기대하는 한 이 회사의 주식은 그들에게 매력적으로 보이고, 그 때문에 주식의 가치는 오른다. 예전에는 저마다 직접 사용하려고 금 주머니를 소유하는 것이 대안이었겠지만, 지금 우리의 경제체제는 당신의 여건이 마땅치 않은 경우, 누군가가 당신의 돈을 대신 사용하도록 허락하는 것이 더 수지가 맞을 수 있도록 구성되어 있다. 이렇게 사회의 자원은 사람들의 혜택을 위해 상품과 서비스를 생산해 낼 수 있는 곳에 사용된다. 매달 당신 가게의 시나몬롤이 더 많이 팔릴 때 경제가 성장하고, 그래서 당신은 돈을 벌고 깨진 커피잔을 교체하고 은행에 이자를 낼 수도 있다.

이제 경제가 성장하지 않고 후퇴하는 경우를 얘기해 보자. 당신은 매달 점점 더 적은 수의 시나몬롤을 팔고 있다. 그러면 깨진 컵이나 낡은 오븐을 교체하는 데 필요한 돈을 벌기가 힘들어진다. 만일 당신이 은행에 새로 대출을 요청한다면, 은행은 당신의 계좌를 보고 앞으로 이자를 내는 데 문제가 있을 것을 알게 되고, 당신의 요구는 거절될 것이다. 물론 이는 당신의 사업에 좋지 않다. 가게 문을 닫거나 주방장과 직원을 해고해야 할 수도 있다. 그 결과 그들이 다른 빵집에서 시나몬롤을 살 돈이 적어지고, 결국 그 빵집도 운영을 계속하는 데 문제가 생긴다. 그렇게 안 좋은 상황이 눈덩이처럼 커져 간다. 경기 침체는 실업과 사회적 불안을 일으킨다. 국가 운영에 있어 그러한 상황을 피하는 것은 중요하다.

몇 가지 이론에 따르면, 당신이 오븐을 새로 사기 위해 대출을 원한다면 단순히 매달 같은 수의 시나몬롤을 판다는 사실을 보여 주는 것으로는 충분치 않다. 은행은 당신이 오늘 새 오븐을 구매할 여력이 없다면 1, 2년 후에도 마찬가지라고 판단할 것이다. 당신의 매출이 오를 것 같지 않으면, 은행 입장에서는 장사가 잘 되는 곳에 오픈한 다른 빵집에 대출해 주거나 그곳의 주식을 사들이는 것이 더 타당하다. 세계 경제 상황은 오르거나 내려가지, 수평을 유지하지는 않는다. 이런 이유로 부유한 서방 국가에 사는 우리조차 경제 성장을 위해 일을 해야 한다.

더 많은 자원을 사용하지 않고도 경제가 성장할 수 있을까?

경제 성장은 사회적 안정, 번영과 더불어 국제 사회를 위한 절대적 조건일 수 있다. 동시에 가장 열정적인 자원 낙관주의자

원소들의 놀라운 이야기

조차 자원의 사용이 영원히 계속될 수 없음에 동의한다. 에너지를 예로 들어 보자. 화석연료 에너지 자원의 소비는 미래에 훨씬 더 많이 증가할 수 없으므로, 다음 수십 년에 걸쳐 급격히 감소할 것이다. 이 에너지는 재생할 수 있는 에너지로 어느 정도 대체될 수 있으나, 우리가 멀리 앞을 내다본다면 태양전지와 풍력 터빈으로 충당할 수 있는 영역의 범위에는 한계가 있다. 계속되는 기하급수적 성장은 결국 태양과 지구 지각이 우리에게 제공할 수 있는 것보다 많은 양의 에너지를 요구할 것이다. 결국 영원한 기하급수적 경제 성장은 그에 상응하는 에너지를 사용하는 성장을 수반할 수 없다.

낙관주의자들은 '전혀 문제될 것이 없다'라고 반응할 것이다. 틀림없이 우리는 에너지 사용을 늘리지 않고 경제 성장을 이룰 수 있다. 이를 위해 각각의 경제적 혜택을 위해 더 적은 에너지를 사용할 필요가 있다. 이는 벌써 항상 일어나고 있다. 예를 들어, 우리는 전력 대부분이 열로 전환되는 백열 램프를 사용하다가 이제는 거의 모든 전력이 온전히 빛으로 전환되는 LED 전구를 사용하게 되었다. 우리가 원하는 것은 빛이지 열이 아니다. 그래서 LED를 통해 훨씬 적은 전기 에너지를 사용하여 '빛'이라고 하는 똑같은 경제적 혜택을 얻고 있다. 우리가 계속 그러한 효율 상승을 이루어 내는 한, 더 많은 에너지를 쓸 필요 없이 경제를 성장시킬 수 있다.

경제 성장과 자원 증가 사이의 그러한 단절은 믿을 수 없을 만큼 매력적으로 보인다. 우리는 케이크를 소유할 수 있고 먹을 수도 있다. 새로운 세대의 어른들은 그들의 부모들보다 다소 더 좋은 것을 소유하게 될 것이고, 한편 이와 동시에 그들의 후손을 위해 지구를 돌보게 될 것이다. 그러면 문제는 해결된 것이다.

그러나 그게 그렇게 간단한가?

우리가 이미 에너지 소비에 있어 한계에 도달했다고 가정해 보라. 경제는 계속 성장할 것이다. 그러나 우리는 한 단위의 에너지도 더 사용할 수 없게 될 것이다. 아마도 연간 1퍼센트 정도로 성장이 느리다면, 경제 규모는 70년이 지나야 두 배가 될 것이다. 이와 동시에 에너지는 일정하다. 이는 지금으로부터 70년 후에는 우리가 훨씬 더 효율적으로 되어서 시나몬롤을 만들고 이발할 때마다, 그리고 모든 감기 백신과 고속도로 1피트를 만드는 데 현재의 절반 수준 에너지만 사용해야 한다는 뜻이다. 140년 후에는 4분의 1만큼, 210년 후에는 8분의 1만큼, 280년 후에는 16분의 1만큼, 700년 후에는 우리의 먼 후손들이 오늘날 우리가 머리를 감고, 질병을 치료하며 지구 지각에서 철을 얻으려고 사용하는 에너지의 1000분의 1만큼만

원소들의 놀라운 이야기

사용해야할 것이다.

LED 전구도 그런 예에 속한다. 그러나 이러한 가정은 터무니없을 정도다. 물리적, 화학적, 생물학적 과정은 명료하고 간단한 방식으로 에너지를 요구한다. 인터넷조차 에너지를 사용한다. 당신이 구글에서 행하는 모든 검색과 페이스북에서 '좋아요'를 누르는 모든 게시물에 대해서, 에너지 집약적인 연산작업이 세계 어디엔가 존재하는 컴퓨터상에서 이루어진다. 오늘날 인터넷은 전 세계 전기 에너지의 3퍼센트 이상을 요구한다. 하지만 5년 후에는 20퍼센트까지 증가할 것이다.

불가능한 역설?

우리의 에너지 사용은 단순히 증가할 수만은 없다. 만일 증가하기만 한다면 우리는 생태계 붕괴와 사회적 불안정, 전쟁과 고통을 향해 가게 될 것이다.

그와 동시에 경제는 성장해야 한다. 그렇지 않다면 우리는 경제적 붕괴와 사회적 불안정, 전쟁과 고통에 직면하게 될 것이다. 성장 감소에 관해 이야기하는 행동조차 위험하다. 사람들에게 겁을 줘서 투자에서 멀어지게 만들어 저절로 쇠퇴의 길로 갈 수 있기 때문이다.

인류의 미래는 성장과 성장 부족, 이 모두에 의존한다. 하지만 우리는 동시에 두 가지를 가질 수 없다.

이는 불가능한 역설처럼 보인다. 인류가 단순히 실패할 운명인가? 우리가 취할 수 있는 최선은 그저 기관차를 움직이게 하고 케이크를 먹고 다른 곳을 바라보다가 벽에 부딪히는 것뿐일까?

나는 동의할 수 없다. 우리는 물리학과 생물학이 작용하는 방식을 바꿀 수 없다. 그러나 경제는 인간의 창조물이다. 우리는 규칙을 만들어 왔고 그것을 바꿀 수 있다. 우리의 경제 체계는 우리 조상보다 더 좋은 삶을 우리에게 선사했다. 그러나 만일 가깝든 멀든 우리의 후손이 좋은 삶을 살기를 원한다면, 지금 훨씬 더 좋은 무언가를 찾아야 한다.

살 수 있는 지역

희망은 존재한다. 전 세계적으로 경제학을 공부하는 학생들은 우리 시대와 미래에 적용되는 대체 경제 모델에 대해 배우기를 요구하며 반발하고 있다. 저명한 기성 경제학자들은 성장의 절대적 필요성에 의문을 제기하기 시작했다. 2017년에 출간된《성장 없는 번영*Prosperity Without Growth*》이라는 책의 2판에

원소들의 놀라운 이야기

서, 경제학 교수 팀 잭슨Tim Jackson은 성장 없는 경제 붕괴를 예측하는 모델은 현실을 고려하지 않고 있다고 지적한다. 아마도 사회는 경제를 적절히 통제함으로써 정체된 경제 속에서 고난과 쇠퇴를 유발하는 많은 메커니즘에 대항할 수 있을 것이다. 경제학자들이 제로 성장zero growth의 결과를 스스로 탐험할 때, 그들은 지구를 파괴하지 않고 사람들에게 좋은 삶을 선사하기 위해 어떤 전략이 효과가 있을지 알아낼 것이다.

2017년에 《도넛 경제학Doughnut Economics》이라는 책에서, 영국 경제학자 케이트 레이워스Kate Raworth는 우리의 경제를 황금 도넛으로 묘사했다. 경제는 모든 지구 거주민에게 충분한 식량과 깨끗한 물, 건강 관리, 교육, 일자리, 사회적 안전을 제공할 만큼 그 규모가 커야 한다. 경제는 도넛의 구멍 밖에서 머물러야 하지만, 너무 커질 수도 없다. 그리고 오염의 수준과 생태계에 미치는 압력, 지구의 한계 내에서 자원 사용을 지탱할 만큼 작아야 한다. 이들 경계가 도넛의 외부 가장자리를 형성한다. 우리는 이들 바깥 경계 사이에 있는 지역에서 가장 잘 살 수 있다.

태양계에는 생명체가 존재할 가능성을 가진 곳이 있다. 태양에 너무 가깝지 않은 곳(너무 가까우면 물이 끓어 사라진다), 너무 멀리 떨어져 있지 않은 곳(너무 멀리 있으면 모든 것이 얼어붙는다)이 그러하다. 그러나 그 사이 지역, 다시 말해 딱 알맞은 장소가 있는데, 그곳이 우리가 번영할 기회가 있는 곳이다. 황금 도넛. 바로 우리가 사는 지구라는 행성이다.

원소들의 놀라운 이야기

:: 감사의 말 ::

노르웨이 논픽션 작가들과 번역가 협회, 이 책을 저술하기 위해 휴직할 수 있도록 허락해 준 오슬로대학의 물리학과에 감사드린다. 좋은 충고를 해 준 헨릭 스벤센과 지원해 준 앤더스 말사 소렌센, 그리고 노르웨이와 해외에서 영감을 주고 참여해 준 동료 연구원들에게도 감사드린다.

여러 단계에서 원고를 꼼꼼히 비판적으로 읽어 준 제시카 뢴 스텐스루드, 에이빈드 톨저슨, 애스먼드 에이케네스, 프리다 라이네에게 감사드린다. 이 책의 화학 관련 내용을 검토해 준 올레 스왱에게도 감사한다. 만일 어떤 오류가 있다면 전적으로 내 실수다.

열정적인 지지와 소중한 피드백을 해 준 캐그 폴래그의 편집자 구로 솔버그와 동료들에게도 감사의 말을 전한다. 이 책의 훌륭한 영어판을 번역해 준 번역가 올리비아 래스키에게도 감사하다.

마지막으로 나의 좋은 친구들과(내가 누구를 말하는지 너희들은 알 거야) 환상적인 우리 가족에게 감사한다. 내게 여러분 모두가 있다는 건 정말 행운이다.

:: 참고문헌 ::

연구 논문은 그 분야 밖의 사람들이 읽기에는 어려울 수 있다. 그래서 이 책을 쓰기 위해 그 내용을 끌어오는 한편, 여기에 논문 대신 잡지 기사와 블로그 게시글, 위키피디아를 찾아 볼 수 있게 했다. 독자 여러분은 더 많은 읽을거리를 찾기 위해 이 '참고문헌'을 이용할 수 있다. 이 경우 내가 참고한 자료가 믿을 수 있는 출처에 기반하고 있음을 분명히 했다. 지면을 절약하기 위해 몇 번 언급된 출처는 축약형으로 적었다.

반복되는 출처

Arndt et al. (2017): Arndt, N. T., et al. "Future Global Mineral Resources." *Geochemical Perspectives* 6 (2017): 52–85.

Benton and Harper (2009): Benton, M. J., and D. A. T. Harper. *Introduction to Paleobiology and the Fossil Record*. Wiley-Blackwell, 2009.

Comelli et al. (2016): Comelli, D., et al. "The Meteoritic Origin of Tutankhamun's Iron Dagger Blade." *Meteoritics & Planetary Science* 51 (2016): 1301–9.

Cordell et al. (2009): Cordell, D., et al. "The Story of Phosphorous: Global Food Security and Food for Thought." *Global Environmental Change* 19 (2009): 292–305.

Courland (2011): Courland, R. *Concrete Planet.* Prometheus Books, 2011.

Gilchrist (1989). Gilchrist, J. D. *Extraction Metallurgy.* Pergamon Press, 1989.

Giselbrecht et al. (2013): Giselbrecht, S., et al. "The Chemistry of Cyborgs—Interfacing Technical Devices with Organisms." *Angewandte Chemie* 52 (2013): 13942–57.

Harari (2014): Harari, Y. N. *Sapiens: A Brief History of Humankind.* Harper, 2014.

Holmes (2010): Holmes, R. "The Dead Sea Works." mammoth (blog), February 15, 2010. m.ammoth.us/blog/2010/02/the-dead-sea-works.

Jackson (2017): Jackson, T. *Prosperity Without Growth: Foundations for the Economy of Tomorrow.* 2nd ed. Routledge, 2017.

Kenarov (2012): Kenarov, D. "Mountains of Gold." *Virginia Quarterly Review,* January 25, 2012. qronline.org/articles/mountains-gold.

Khurshid and Qureshi (1984): Khurshid, S. J., and I. H. Qureshi. "The

Role of Inorganic Elements in the Human Body." *Nucleus* 21 (1984): 3–23.

Lavers and Bond (2017): Lavers, J. L., and A. L. Bond. "Exceptional and Rapid Accumulation of Anthropogenic Debris on One of the World's Most Remote and Pristine Islands." *PNAS* 114 (2017): 6052–55.

Massy (2017): Massy, J. *A Little Book About BIG Chemistry: The Story of Man-Made Polymers.* Springer, 2017.

NRC (2008): National Research Council of the National Academies. *Minerals, Critical Minerals and the U.S. Economy.* National Academies Press, 2008.

OECD (2011): *OECD. Future Prospects for Industrial Biotechnology.* OECD publishing, 2011. dx.doi.org/10.1787/9789264126633-en.

Pipkin (2005): Pipkin, B. W., et al. *Geology and the Environment.* Brooks/Cole, 2005.

Pomarenko (2015): Pomarenko, A. G. "Early Evolutionary Stages of Soil Ecosystems." *Biology Bulletin Reviews* 5 (2015): 267–79.

Robb (2005): Robb, L. *Introduction to Ore-Forming Processes.* Blackwell Publishing, 2005.

Rasmussen (2008): Rasmussen, B., et al. "Reassessing the First Appearance of Eukaryotes and Cyanobacteria." *Nature* 455 (2008): 1101–5.

Raworth (2017): Raworth, K. *Doughnut Economics: Seven Ways to Think*

Like a 21st Century Economist. Chelsea Green, 2017.

Smil (2004): Smil, V. "World History and Energy." In *Encyclopedia of Energy*, edited by C. Cleveland et al., 549–61. Vol. 6. Elsevier, 2004.

Street and Alexander (1990): Street, A., and W. Alexander. *Metals in the Service of Man.* 10th ed. Penguin Books, 1990.

Sverdrup and Ragnarsdóttir (2014): Sverdrup, H., and K. V. Ragnarsdóttir. "Natural Resources in a Planetary Perspective." *Geochemical Perspectives* 3 (2014): 129–341.

USGS (2018): US Geological Survey, Mineral Commodity Summaries 2018. doi.org/10.3133/70194932.

Wilburn (2011): Wilburn, D. R. Wind Energy in the United States and Materials Required for the Land-Based Wind Turbine Industry from 2010 Through 2030. Scientific Investigations Report 2011-5036. US Geological Survey, 2011.

Young (2013): Young, G. M. "Precambrian Supercontinents, Glaciations, Atmospheric Oxygenation, Metazoan Evolution and an Impact That May Have Changed the Second Half of Earth History." *Geoscience Frontiers* 4 (2013): 247–61.

Öhrlund (2011): Öhrlund, I. Future Metal Demand from Photovoltaic Cells and Wind Turbines—Investigating the Potential Risk of Disabling a Shift to Renewable Energy Systems. Science and Technology Options Assessment (STOA), European Parliament, 2011.

1. 우주 탄생의 역사와 7일간에 생긴 원소들

지질시대에 대한 업데이트된 시간: the International Commission on Stratigraphy's "International Chronostratigraphic Chart," v2017/02, stratigraphy.org/index.php/ics-chart-timescale.

월요일: 우주의 탄생

빅뱅으로부터의 우주 초기 역사와 최초 원자핵의 기원: G. Rieke and M. Rieke, "The Start of Everything" and "Era of Nuclei," lecture notes from the University of Arizona course Astronomy 170B1, "The Physical Universe," ircamera.as.arizona.edu/NatSci102/NatSci102/lectures/eraplanck.htm, ircamera.as.arizona.edu/NatSci102/NatSci102/lectures/eranuclei.htm.

원소의 기원: J. Johnson, "Origin of the Elements in the Solar System," Science Blog from the SDSS: News from the Sloan Digital Sky Surveys, January 9, 2017, blog.sdss.org/2017/01/09/origin-of-the-elements-in-the-solar-system.

산소는 어떻게 만들어지는가: B. S. Meyer et al., "Nucleosynthesis and Chemical Evolution of Oxygen," *Reviews in Mineralogy and Geochemistry* 68, no. 1 (2008): 31–35.

최초의 별과 은하: R. B. Larson and V. Bromm, "The First Stars in the Universe," *Scientific American* 285, no. 6 (2001): 64–71.

금요일: 우리 태양계가 형성되다

초신성 압력파로부터의 태양계 기원: P. Banerjee et al., "Evidence from Stable Isotopes and ^{10}Be for Solar System Formation Triggered by Low-Mass Supernova," *Nature Communications* 7 (2016): 13639.

"살 수 있는 지역"— 별로부터의 거리가 생명체에게 딱 알맞은 지역: NASA, "Habitable Zones of Different Stars," nasa.gov/ames/kepler/ habitable-zones-of-different-stars.

달의 기원 이론: R. Boyle, "What Made the Moon? New Ideas Try to Rescue a Troubled Theory," *Quanta Magazine*, August 2, 2017, quantamagazine.org/what-made-the-moon-newideas-try-to-rescue-a-troubled-theory-20170802.

무거운 원소는 지구 중심부로 가라앉는다; 우리가 지구의 지각에서 추출한 것들은 나중에 운석에서도 나왔다 ("Late veneer hypothesis"): Robb (2005).

최초의 바다: B. Dorminey, "Earth Oceans Were Homegrown,"*Science*, November 29, 2010,sciencemag.org/news/2010/11/earth-oceans–were-homegrown.

지각판 운동은 언제 시작되었나? 다양한 이론과 결과: B. Stern, "When Did Plate Tectonics Begin on Earth?," Speaking of Geoscience: The Geological Society of America's Guest Blog, March 15, 2016, speakingofgeoscience.org/2016/03/15/when-did-platetectonics-begin-on-earth.

원소들의 놀라운 이야기

토요일: 생명이 시작되다

"지구 지각 운석 폭격"의 지속시간과 시기에 관한 정확한 답은 없다(late
    heavy bombardment): Wikipedia, "Late Heavy Bombardment,"
    updated June 19, 2018, en.wikipedia.org/wiki/Late_Heavy_
    Bombardment.

지구 자기장은 "밤"에 생겨났다: New results date the Earth's magnetic
    field to be at least 4 billion years old (before midnight), compared
    to the roughly 3.2 billion years that was previously estimated.
    S. Zielinski, "Earth's Magnetic Field Is at Least Four Billion
    Years Old," *Smithsonian*, July 30, 2015, smithsonianmag.com/
    science-nature/earths-magnetic-field-least-four-billion-years-
    old-180956114.

지구 최초의 생명체는 바닷속 깊은 곳의 화학적 화합물에서 에너지를
    얻었다; summary of new theories: R. Brazil, "Hydrothermal
    Vents and the Origin of Life," *Chemistry World*, April 16, 2017,
    chemistryworld.com/feature/hydrothermal–vents-and-the-
    origins-of-life/3007088.article.

최초의 광합성; 바다의 철은 녹슬고 산소는 대기로 쏟아졌다(Great
    Oxygenation Event): Rasmussen (2008). 여기서 설명한 것처럼 광합
    성은 내가 책에 쓴 것보다 늦게 시작되었을 수 있다.

지구 초기 대기의 구성: D. Trail et al., "The Oxidation State of Hadean
    Magmas and Implications for Early Earth's Atmosphere," *Nature*
    480 (2008): 79–83.

9시 15분까지는 지구 빙하기 시대였다(Huronian glaciation): Young(2013).

오존층이 자리를 잡은 후, 최초의 생명체가 육지에 형성됐다: Pomarenko (2015).

일요일: 살아 있는 지구

세포핵을 가진 최초의 생명체: Rasmussen (2008).

최초의 다세포생명체: S. Zhu et al., "Decimetre-Scale Multicellular Eukaryotes from the 1.56-Billion-Year-Old Gaoyuzhuang Formation I North China" *Nature Communications* 7 (2016): 11500.

3시 15분부터 신 빙하기가 시작됐고, 이어서 해양에 복잡한 생태계가 형성 되었다(캄브리아기 대폭발): Young(2013).

이어지는 지형의 발달과 함께 최초의 동물과 식물이 육지 위에 나타났다: Pomarenko (2015).

6시 36분에 지구 빙하기가 시작됐다(Ordovician-Silur Mass Extinction): P. M. Sheehan, "The Late Ordovician Mass Extinction," *Annual Review of Earth and Planetary Science* 29 (2001): 331–64.

7시 28분에 멸종이 일어났다 (the end of Devon): A. E. Murphy et al., "Eutrophication by Decoupling of the Marine Biogeochemical Cycles of C, N and P: A Mechanism for the Late Devonian Mass Extinction," *Geology* 28 (2000): 427–30.

일요일 밤 8시 56분에 대멸종이 일어났다: Z.-Q. Chen and M. J. Benton, "The Timing and Pattern of Biotic Recovery Following the End-

원소들의 놀라운 이야기

Permian Mass Extinction," *Nature Geoscience* 5 (2012): 375–83.

9시 30분 이전에 포유류와 공룡이 나타났고, 9시 34분에 새로운 지구온난화가 일어났다(Triassic Jurassic Mass Extinction): Benton and Harper (2009).

11시 25분에 온도가 떨어지기 시작했다 (early Eocene): R. A. Rhode, "65 Million Years of Climate Change," en.wikipedia.org/wiki/File:65_Myr_Climate_Change.png.

11시 43분에 초원이 형성됐다(the transition to the Miocene): B. Jacobs et al., "The Origin of Grass-Dominated Ecosystems," *Annals of the Missouri Botanical Garden* 86 (1999): 590–643.

11시 45분에 다른 유인원으로부터 사람상과(Hominoidea) 출현, 사람상과에서 인간 출현, 최초의 석기, 불의 사용: Benton and Harper (2009).

1분 20초 전부터 빙하기와 간빙기가 있었다: T. O. Vorren and J. Mangerud, "Glaciations Come and Go," in *The Making of a Land: Geology of Norway*, ed. I. B. Ramberg et al., trans. R. Binns and P. Grogan, Norsk Geologisk Forening (Norwegian Geological Society), 2006.

모닥불의 일상적 사용, 호모사피엔스, 네안데르탈인의 멸종, 언어와 기술의 발달: Harari (2014).

자정 0.5초 전: 문명의 시대

농업의 출현, 왕국, 문자, 화폐, 종교, 과학혁명: Harari (2014).

구리와 철: Arndt et al. (2017).

강철: World Steel Association AISBL, "The Steel Story," 2018, worldsteel. org/steelstory.

가축과 수력을 포함한 인간의 에너지 사용, 산업혁명: Smil (2004).

항생제: R. I. Aminov, "A Brief History of the Antibiotic Era: Lessons Learned and Challenges for the Future," Frontiers in Microbiology 1 (2010): 134.

우주 밖의 인간: N. T. Redd, "Yuri Gagarin: First Man in Space," Space. com, July 24, 2012, space.com/16159-first-man-in-space.html.

인간과 미래

역사 전체에 걸친 세계 인구의 수는 위키피디아에 요약된 10개의 서로 다른 출처의 평균이다: "World Population Estimates," updated July 21, 2018, en.wikipedia.org/wiki/World_population_estimates. Today's population is taken from Worldometer at worldometers. info/world-population.

2. 반짝인다고 모두 금은 아니다

지구의 지각이 우리에게 호의를 베푸는 방법

로시아 몬타나의 지질학적 역사: I. Seghedi, "Geological Evolution of the Apuseni Mountains with Emphasis on the Neogene Magmatism—A Review," in *Gold-Silver-Telluride Deposits of*

the Golden Quadrilateral, South Apuseni Mts., Romania, ed.
N. J. Cook and C. L. Ciobanu, IAGOD Guidebook Series 12,
International Association on the Genesis of Ore Deposits, 2004.

금은 어떻게 물을 통해 운반되는가: Robb (2005).

최초의 금

1만 년 전의 금: Sverdrup and Ragnarsdóttir (2014).

강의 자갈 사이에 존재하는 금

금은 인류 최초의 금속이다: Sverdrup and Ragnarsdóttir (2014).

냄비를 사용한 최초의 대규모 추출: Gilchrist (1989).

카르파티아 지역과 발칸반도에서의 5000년 전 추출: H. I Ciugudean,
"Ancient Gold Mining in Transylvania: The Roşia Montană-
Bucium Area," Caiete ARA 3 (2012): 101–13.

이아손 신화와 황금 양피: Wikipedia, "Jason," updated September 4,
2019, en.wikipedia.org/wiki/Jason.

금 추출에서 양피의 사용: T. Neesse, "Selective Attachment Processes in
Ancient Gold Ore Beneficiation," *Minerals Engineering* 58 (2014):
52–63.

로시아 몬타나의 광산

다키아인들에 의해 사용된 화력 채굴(fire setting); 106년, 로마가 다키아를
패배시켰다; 165톤의 금; 합스부르크 가문: Rosia Montana Cultural

Foundation, "History," rosia-montana-cultural-foundation.com/history.

19세기 말까지 노르웨이 광산에서의 화력 채굴: Wikipedia, "Fyrsetting," updated April 13, 2018, no.wikipedia.org/wiki/Fyrsetting#cite_note-ReferenceA-5.

알부르누스 마이오르(Alburnus Maior)의 역사, 4마일 길이의 로마 광산, 합스부르크의 수력 방앗간, 1867년 이후의 발전: Kenarov (2012).

271년 로마인들이 그 지역을 떠났다: D. Popescu, "Romania and Gold: A 6000 Years Relation," Dan Popescu—Gold and Silver Analyst (blog), August 27, 2016, popescugolddotcom.wordpress.com/2016/08/27/romania-and-gold-a-6000-years-relation.

외견상의 광산업

거의 90마일 길이의 채굴 작업; 1970년부터 시작된 노천 채굴: Kenarov (2012).

노천 채굴과 환경적 영향에 관하여: Arndt et al. (2017).

독성을 띠는 기억

부스러기로부터 금이 분리되는 방법: Gilchrist (1989).

자마나(Geamana) 매립지: R. Besliu, "Romania's Unsolved Communist Ecological Disaster," openDemocracy, March 19, 2015, opendemocracy.net/en/can-europe-make-it/romanias-unsolved-communist-ecological-disaster.

원소들의 놀라운 이야기

환경적 문제점, 폐기물 처리장: Pipkin (2005).

돌에서 금속까지

수은의 사용: Gilchrist (1989).

시안화물(cyanide)의 사용: Pipkin (2005).

체리 씨앗 속의 시안화물과 시안화수소산(hydrocyanic acid): Wikipedia, "Hydrogen Cyanide," updated January 27, 2020, en.wikipedia. org/wiki/Hydrogen_cyanide.

바이아마레(Baia Mare) 사고: Wikipedia, "2000 Baia Mare Cyanide Spill," updated June 21, 2018, en.wikipedia.org/wiki/2000_Baia_Mare_ cyanide_spill; United Nations Environment Programme, "Cyanide Spill at Baia Mare Romania," reliefweb.int/sites/reliefweb. int/files/resources/43CD1D010F030359C12568CD00635880- baiamare.pdf.

500개가 넘는 세계 금광의 90퍼센트 이상에서 시안화물은 안전하 다: T. I. Mudder and M. M. Botz, "Cyanide and Society: A Critical Review," European Journal of Mineral Processing and Environmental Protection 4 (2004): 62–74.

1톤의 돌에서 온 금반지

1700톤이 추출된 채석장 채굴 작업이 2006년에 끝났다: Kenarov (2012).

300톤이 넘는 금을 가진 원천: Gabriel Resources, "Projects: Rosia Montana," gabrielresources.com/site/rosiamontana.aspx. The figure 300 comes from Proven and Probable Reserves: 215 Mt @ 1.46g / t Au = 314 metric tons of gold; in addition, Measured and Indicated Resources: 513 Mt @ 1.04 g / t Au = 534 metric tons of gold.

오늘날과 150년 전의 평균 금광석 농도: Sverdrup and Ragnarsdóttir (2014).

로시아 몬타나는 유럽 최대의 금 매장지다: J. Desjardins, "Global Gold Mine and Deposit Rankings 2013," *Visual Capitalist*, February 9, 2014, visualcapitalist.com/global-gold-mine-and-deposit-rankings-2013.

로시아 몬타나의 종말

로시아 몬타나 전쟁: Kenarov (2012); Salvați Roşia Montană (Save Roşia Montană, website of the campaign against the mining project), rosiamontana.org.

4개의 새로운 노천 광산, 시안화물 추출; Roşia Montană would be buried, including four churches, six graveyards: Gabriel Resources, "Management of Social Impacts: Resettlement and Relocation Action Plan," 2006, gabrielresources.com/documents/RRAP.pdf; Gabriel Resources, "The Proposed Mining Project," gabrielresources.com/documents/Gabriel%20Resources_ProposedMiningProject.pdf.

2억 5000만 톤의 폐기물: Gabriel Resources. "Sustainability:

원소들의 놀라운 이야기

Environment." gabrielresources.com/site/environment.aspx.

금과 문명

금의 가격, 2016년 정치적 사건의 반응, 오늘날엔 어떤 금이 사용되나: US Geological Survey, Mineral Commodity Summaries 2017, doi. org/10.3133/70180197.

잃어버린 금

이 부분의 모든 정보는 USGS(2018)에서 가져온 2016년 채굴된 무게의 수치를 제외하고는 Sverdrup and Ragnarsdóttir(2014)에서 가져왔다.

3. 철기시대는 끝나지 않았다

"철기시대는 끝나지 않았다"("우리는 약 1500년 전에 철기시대로 들어왔고 아직도 벗어나지 않았다"): Sverdrup and Ragnarsdóttir (2014).

철을 사용하면서 전쟁 방식에 혁명이 일어났다: J. Diamond, *Guns, Germs, and Steel: The Fates of Human Societies*, W. W. Norton & Company, 1997.

철 없이 숨 쉬어 봤자 헛수고다

체내 운송 시스템 속의 철, 인체 내에 존재하는 4그램의 철: Khurshid and Qureshi (1984).

철기시대 속으로

투탕카멘의 단검: Comelli et al. (2016).

초기 모든 철제 사물은 운석의 철에서 왔다: A. Jambon, "Bronze Age Iron: Meteoritic or Not? A Chemical Strategy," *Journal of Archaeological Science* 88 (2017): 47–53.

그린란드에서의 금속 철 매장량: K. Brooks, "Native Iron: Greenland's Natural Blast Furnace," *Geology Today* 31 (2015): 176–80.

철광석에서의 철 생산: Gilchrist (1989).

철 1톤당 이산화탄소 0.5톤: Sverdrup and Ragnarsdóttir (2014).

스웨덴의 철

우리가 파내는 철광석은 대부분 25억 년 전부터 유래했고 노천 광산에서 추출됐다: Arndt et al. (2017).

키루나(Kiruna)의 역사와 히틀러에게서 차지했던 중요성: T. Weper, "Jernmalmen i Kiruna ble det svenske gullet" (Iron ore in Kiruna became Swedish gold), *Illustrert Vitenskap Historie* 3 (2010): 50–53. The significance of iron from Kiruna for Hitler is also described on Wikipedia, "Swedish Iron-Ore Mining During World War II," updated March 31, 2018, en.wikipedia.org/wiki/Swedish_iron-ore_mining_during_World_War_II.

키루나 지하의 철광석은 어떻게 형성되었나: Robb (2005).

키루나의 재배치: F. Perry, "Kiruna: The Arctic City Being Knocked Down and Relocated Two Miles Away," *Guardian*, July 30,

원소들의 놀라운 이야기

2015, theguardian.com/cities/2015/jul/30/kiruna-the-arctic-citybeing-knocked-down-and-relocated-two-miles-away. The timeline for the relocation, which has already begun, can be found at the website for Kiruna Kommun under "Tidslinje-Kiruna stadsomvandling" ("Timeline-Kiruna urban transformation"), kiruna.se/stadsomvandling.

광석에서 금속으로

오늘날의 나르비크(Narvik)행 광석 열차: Bane NOR, "Ofotbanen," banenor.no/Jernbanen/Banene/Ofotbanen.

가장 큰 철 금속 제조국: USGS (2018).

철의 생산: Gilchrist (1989).

두드려 만든 선철과 주철, 연철: Street and Alexander (1990).

스칸디나비아의 늪에서 나온 광석: L. Skogstrand, "Det første jernet" (The first iron), updated October 26, 2017, Norgeshistorie.no,norgeshistorie.no/forromersk-jernalder/teknologi-og-okonomi/0405-det-forste-jernet.html; Store Norske Leksikon, "Jernvinna" (Bloomery), updated December 12, 2016, snl.no/jernvinna.

몹시 탐나는 강철

19세기까지 비싸게 제조된 강철; 구조 및 특성: Street and Alexander (1990).

강철 속의 바나듐 망간, 몰리브덴, 크롬, 니켈: NRC (2008) and Sverdrup and Ragnarsdóttir (2014).

녹의 문제점

녹을 막고 수리하는 데 사회는 많은 돈을 쓴다(1978년 미국 GDP의 5퍼센트): E. McChafferty, *Introduction to Corrosion Science*, Springer, 2010.

녹이 생기는 과정과 그것을 막는 방법: Street and Alexander (1990).

내식(corrosion resistance)의 표준(녹이 반드시 생기는 점을 고려한 철탑의 추가적인 두께): Norsk Standard, Eurocode 3: Design of Steel Structures—Part 5: Piling, NS-EN 1993-5:2007+NA:2010.

스테인리스강 날붙이 도구의 수명은 적어도 100년이다: 스테인리스강 날붙이는 거의 영구적으로 사용 가능한데, 약 100년 전부터 유통되었기 때문이다. M. Miodowink, "Stainless Steel Revolutionised Eating After Centuries of a Bad Taste in the Mouth," *Guardian*, April 29, 2015, theguardian.com/technology/2015/apr/29/stainless-steel-cutlerygold-silver-copper-aluminium.

강철 구조물의 수명: Sverdrup and Ragnarsdóttir (2014).

우리가 가진 철이 고갈될 수 있을까?

철 생산 vs. 알루미늄 생산; 생산은 계속해서 증가한다; 3600억 톤이 존재할 것으로 추정되며, 300~700억 톤은 이미 추출됐다: Sverdrup and Ragnarsdóttir (2014).

서류로 입증된 매장량과 그 존속 기간: Arndt et al. (2017).

2300억 톤의 자원이 있을 것으로 추정되고, 그중 830억 톤이 매장되어 있으며, 연간 15억 톤이 추출된다: USGS (2018).

철기시대에서 벗어난다고?

"꽤 최근에 과학자들은 이 모든 메커니즘을 하나의 맥락에서 보기 시작했다": The system dynamics model analyzes the evolution of production of iron and some other resources in Sverdrup and Ragnarsdóttir (2014).

4. 구리, 알루미늄, 티타늄: 전구에서 인조인간까지

당신이 자동차를 직접 운전하는 것이 언제쯤 불법이 될지에 관한 토론(2017년, 여름): I. E. Fjeld, "Snart blir det ulovlig å kjøre selv" (Soon it will be illegal to drive a car yourself), *NRK*, July 4, 2017, nrk.no/norge/_-snart-blir-det-ulovlig-a-kjore-selv-1.13581330.

자동차와 신체, 물에 함유된 구리

1880년대에 널리 퍼진 전기 조명, 값싸고 믿을 만한 전기 에너지: Smil (2004).

제2차 세계대전 직후와 현재의 자동차에 쓰인 구리양 비교: NRC (2008).

신체 안의 구리: Khurshid and Qureshi (1984).

독성을 나타낼 수도 있는 수도관 속 구리: Norwegian Institute of Public Health, "Kjemiske og fysiske stoffer i drikkevann" (Chemical and physical substances in drinking water), updated November 19, 2018, fhi.no/nettpub/stoffer-i-drikkevann/kjemiske-og-fysiske-stoffer-idrikkevann/kjemiske-og-fysiske-stoffer-i-drikkevann/#kobber-cu.

우리 시대보다 8000년 전에 사용된 금속 형태의 구리; 망치질과 가공: Encyclopedia Britannica, "Copper Processing," updated May 1, 2017, britannica.com/technology/copper-processing.

숲을 없애 버린 구리 광산들

대부분 국가에서 추출할 수 있는 매장량은 많은 지질학적 과정을 거쳐 형성되었으며, 0.6퍼센트의 농도를 갖는 것이 전형적이다: Arndt et al. (2017).

스페인과 키프로스, 시리아, 이란, 아프가니스탄에서의 산림 벌채: Smil (2004).

뢰로스비다에서의 산림 벌채: L. Geithe, "Circumferensen" (Circumference), updated April 7, 2014, bergstaden.org/no/hjem/circumferensen.

광석의 황 성분이 황산으로 변하는 실외 과정: L. Geithe, "Kaldrøsting" (Cold calcination), updated September 10, 2013, bergstaden.org/no/kobberverket/smelth ytta-pa-roros/kaldrosting.

1800년대 중반까지 실외에서의 구리 광석 처리 과정: "Komplex 99139911Malmplassen," regjeringen.no/contentassets/14248197

원소들의 놀라운 이야기

6cdc449f964609532920bd68/kompleks_99139911_malmplassen.
pdf.

생산이 감소하기 몇 십 년 전: Sverdrup and Ragnarsdóttir (2014).

만일 우리가 깊은 곳의 매장량을 발견한다면 10배 더 많은 자원을 발견할
것이다: Arndt et al.(2017).

알루미늄: 붉은 구름과 흰색 소나무

내 전기차는 대부분 알루미늄으로 만들어져 있다: J. Desjardins,
"Extraordinary Raw Materials in a Tesla Model S," *Visual
Capitalist*, March 7, 2016, visualcapitalist.com/extraordinary-raw-
materials-in-atesla-model-s.

체내의 알루미늄: Khurshid and Qureshi (1984).

내 휴대전화 속의 알루미늄: J. Desjardins, "Extraordinary Raw Materials
in an iPhone 6s," *Visual Capitalist*, March 8, 2016, visualcapitalist.
com/extraordinary-raw-materials-iphone-6s.

지구 지각의 8퍼센트는 알루미늄이다: Arndt et al. (2017).

연간 철과 알루미늄의 생산, 보크사이트 추출, 갯물을 이용한 처리, 붉은 진
흙: Sverdrup and Ragnarsdóttir (2014).

열대 지역의 보크사이트 추출(호주, 중국, 브라질, 기니는 2017년 최대 생산국이
었다): USGS (2018).

어이커(Ajka)에서의 댐 균열로 10명이 죽다: Wikipedia, "Ajka Alumina
Plant Accident," updated June 21, 2018, en.wikipedia.org/wiki/
Ajka_alumina_plant_accident.

어이커 사고의 제한된 장기 효과: Á. D. Anton et al., "Geochemical Recovery of the Torna-Marcal River System After the Ajka Red Mud Spill, Hungary," *Environmental Science: Processes & Impacts* 16 (2014): 2677–85.

2016년 말레이시아에서의 보크사이트 추출금지 조치: USGS (2018); Clean Malaysia, "Bauxite in Malaysia—Will the Ban Bring Relief?," January 26, 2016, cleanmalaysia.com/2016/01/26/bauxite-in-malaysia-will-the-ban-bring-relief.

알루미늄은 1800년대 말 이전에는 비쌌다; lowering the melting point with cryolite; electrical circuits (the Hall-Heroult Process): Street and Alexander (1990).

아르달의 알루미늄 공장과 역사: Industrimuseum, "Årdal og Sundal Verk A/S," industrimuseum.no/bedrifter/aardalogsundalverka_s.

노르웨이는 세계에서 여덟 번째로 큰 알루미늄 생산국이다: USGS(2018).

가축의 피해가 노르웨이 환경 정책의 시작이었다: K. Tvedt, "Bakgrunn: Forgiftet fe ga norsk miljøpolitikk" (Background: poisoned livestock started Norwegian environmental politics), forskning.no, January 23, 2012, forskning.no/husdyr—moderne-historie-miljopolitikk/2012/01/forgiftet-fe-ga-norsk-miljopolitikk.

1980년대의 정화 시스템: Wikipedia, "Årdal," updated June 6, 2018, no.wikipedia.org/wiki/Årdal.

사슴의 치아에 미치는 지속적 효과: O. R. Sælthun, "Mykje fluorskader på hjorten i Årdal" (A great deal of fluoride damage to deer in

원소들의 놀라운 이야기

Årdal), Porten.no, February 22, 2017, porten.no/artiklar/mykje-fluorskader-pa-hjorten-i-ardal/393074; O. R. Sælthun, "Hydro: Vanskeleg åforstå at resultata er slik" (Hydro: Difficult to understand that the results are like this), Porten.no, February 22, 2018, porten. no/artiklar/hydro-vanskeleg-a-forsta-at-resultata-erslik/393079; Norwegian Veterinary Institute, "Helseovervåkingsprogrammet for hjortevilt og moskus (HOP) 2017" (Monitoring Program for Deer and Musk), www.vetinst.no/rapporterog-publikasjoner/ rapporter/2018/helseovervakingsprogrammet-for-hjortevilt-og-moskus-hop-2017.

우리가 이미 사용하고 있는 것을 사용하기

다른 광물로부터 얻은 알루미늄; 몇 십 년 후에는 채굴 작업보다 60퍼 센트의 알루미늄 재활용이 더 중요해질 것이다: Sverdrup and Ragnarsdóttir (2014).

휴대전화 속의 원소들: Desjardins, "Extraordinary Raw Materials in an iPhone 6s."

산속의 티타늄

내 차의 하부는 티타늄으로 만들어져 있다: Desjardins, "Extraordinary Raw Materials in a Tesla Model S."

신체 속의 티타늄, 주철로 만들어진 인공 치아, 1938년의 인공고관절, 임플 란트에 쓰이는 물질의 필요성: Giselbrecht et al. (2013).

90퍼센트는 그림물감에 사용된다; 세계 최대의 고체 암석 매장량의 일부: Norwegian Institute for Cultural Heritage Research (NIKU), Konsekvensutredning for utvinning av rutil i Engebøfjellet, Naustdal kommune (Impact assessment for rutile extraction in Engebøfjellet, Naustdal municipality), Landscape Department report 30/08.

100년 이상 노르웨이에서 추출된 티타늄(extraction from the Kragerø field at the beginning of the twentieth century): Store Norske Leksikon, "Norsk bergindustrihistorie," (Norwegian rock industry history), updated December 20, 2016, snl.no/Norsk_bergindustrihistorie.

모래 속의 티타늄: Gilchrist (1989).

자석과 중력, 거품(부력)을 사용하여 광물을 함유한 티타늄 분류, 그리고 바다 매장량의 환경적 영향: Norwegian Climate and Pollution Agency (Klif), Gruvedrift i Engebøfjellet—Klifs vurdering og anbefaling (Mining in Engebøfjellet—Klif's assessment and recommendation), March 19, 2012.

바다 매장물에 반대하는 전쟁과 '바다 매장량 vs. 매립 쓰레기'에 관한 지구화학적 논쟁, 티타니아 매립지에서 나오는 연간 200만 톤의 진흙: P. Aagaard and K. Bjørlykke, "Naturvernere lager naturkatastrofe" (Nature conservation creates environmental disaster), forskning.no, June 14, 2017, forskning.no/naturvern–geofag-stub/2008/02/naturvernere-lager-naturkatastrofe.

30년 후에도 조싱피오르드(Jøssingfjord)는 여전히 매장량으로부터의 영

원소들의 놀라운 이야기

향 징후를 보여 줄 것이다: L. M. Kalstad et al.,"Urovekkende funn på bunnen av Jøssingfjorden" (Disturbing discoveries at the bottom of the Jøssingfjord), *NRK*, May 25, 2017, nrk.no/rogaland/urovekkende-funn–pa-bunnen-av-jossingfjorden-1.13532071.

사이보그가 몰려오고 있다!

이 부분의 정보 대부분은 Giselbrecht et al. (2013)에서 가져왔다

미국 작업장에서 얻은 칩: O. Ording, "Låser opp dører med en chip under huden" (Unlocking doors with a chip under the skin), NRK, August 13, 2017, nrk.no/norge/laser-opp-dorer-med-en-chip-under-huden-1.13637732.

아르네 라르손(Arne Larsson), 최초의 심장박동 조율기: L. K. Altman, "Arne H. W. Larsson, 86; Had First Internal Pacemaker," *The New York Times*, January 18, 2002, nytimes.com/2002/01/18/world/arne-h-w-larsson-86-had-first-internal-pacemaker.html.

기계 인간의 미래

미래에는 신체 속의 기계장치가 배터리 없이 작동할 것이다: Giselbrecht et al. (2013).

완벽하게 청정한 부품을 만드는 시스템이 상당히 요구될 것이다: E. D. Williams et al., "The 1.7 Kilogram Microchip: Energy and Material Use in the Production of Semiconductor Devices," *Environmental Science and Technology* 36 (2002): 5504–10.

화학적 분리는 전체 운송 분야에 쓰이는 에너지의 3분의 1이 필요하다: 운송 분야는 전 세계 에너지 소비의 35퍼센트를 차지한다: International Energy Agency, Key World Energy Statistics 2017, doi.org/10.1787 /key_energ_stat-2017-en.

화학적 분리는 전 세계 에너지 소비의 10~15퍼센트를 차지한다: D. S. Sholl and R. P. Lively, "Seven Chemical Separations to Change the World," *Nature* 532 (2016): 435–37.

나노튜브를 생산하는 박테리아: Y. Tan et al., "Expressing the Geobacter metallireducens PilA in Geobacter sulfurreducens Yields Pili with Exceptional Conductivity," *mBio* 8 (2017): e02203–16.

우주에서 사용되는 물질의 필요조건: W. Wassmer, "The Materials Used in Artificial Satellites and Space Structures," Azo Materials, May 12, 2015, azom.com/article.aspx?ArticleID=12034.

5. 뼈와 콘크리트 속의 칼슘과 실리콘

치아와 뼈는 칼슘, 인, 산소뿐 아니라 실리콘도 함유하고 있다(뼈 조직을 만드는 세포인 뼈모세포는 실리콘을 함유하고 있다): Khurshid and Qureshi (1984).

단단하지만 깨지기 쉽다
세라믹 물질, 정의와 성질: B. Basu and K. Balani, *Advanced Structural*

원소들의 놀라운 이야기

Ceramics, Wiley, 2017.

점토로 만들기

점토의 기술적 정의: Wikipedia, "Clay," updated February 21, 2020, en.wikipedia.org/wiki/Clay.

수정의 구조, 점토 광물질: James Hutton Institute, "Clay Minerals," claysandminerals.com/minerals/clayminerals.

세라믹의 생산과 역사: American Ceramic Society, "A Brief History of Ceramics and Glass," ceramics.org/about/what-are-engineered-ceramics-and-glass/brief-history-of-ceramics-and-glass.

7세기 중국인에 의해 발전된 도자기류: Encyclopaedia Britannica, "Porcelain," updated January 10, 2020, britannica.com/art/porcelain.

창문 유리 속의 뒤섞인 원자들

4500년 전에 만들어진 가장 오래된 유리: S. C. Rasmussen, *How Glass Changed the World*, Springer, 2012.

화산 속 유리, 지진, 운석 충돌: B. P. Glass, "Glass: The Geologic Connection," International Journal of Applied Glass Science 7 (2016): 435–45.

유리의 성분, 유리는 어떻게 만들어지나; 가마 속에 잘못된 종류의 유리가 소량만 들어 있어도 내용물 전체를 버려야 할 수 있다: L. L. Gaines and M. M. Mintz, *Energy Implications of Glass Container*

Recycling, US Department of Energy Report ANL/EDS-18 NREL/
TP-430-5703, osti.gov/servlets/purl/10161731.

유리의 제조, 주형, 창문: Safeglass (Europe) Limited, "Modern Glass
Making Techniques," breakglass.org/Glass_making.html.

방풍 유리는 매우 빨리 냉각된다: Wikipedia, "Tempered Glass," updated
February 1, 2020, en.wikipedia.org/wiki/Tempered_glass.

산화 붕소를 포함한 내열성 주형: Wikipedia, "Borosilicate Glass,"
updated January 13, 2020, en.wikipedia.org/wiki/Borosilicate_
glass.

납을 함유한 수정 유리컵, 그리고 납을 함유한 수정 유리컵으로 물을 마시
면 위험한가?: Wikipedia, "Lead Glass," updated February 8, 2020,
en.wikipedia.org/wiki/Lead_glass.

진보된 커뮤니케이션에 사용되는 유리, 미래에는 더욱 중요해진다: NRC
(2018).

조류에서 콘크리트까지

북유럽의 부싯돌 매장량: Store Norske Leksikon, "Flint—arkeologi,"
updated October 26, 2018, snl.no/Flint_-_arkeologisk.

석회석은 섭씨 800도가 넘는 온도에서 분해된다(그러나 효율을 위해 용광
로는 훨씬 더 높은 온도로 가열되어야 한다): B. R. Stanmore and P.
Gilot, "Review—Calcination and Carbonation of Limestone
During Thermal Cycling for CO2 Sequestration," Fuel Processing
Technology 86 (2005): 1707–43.

소성(calcination), 소석회, 석회 모르타르와 그 초기 사용에 관하여: Courland (2011).

콜로세움 속의 화산재

이 부분의 정보 대부분은 Courland(2011)에서 가져왔다.

기원전 1640년경 산토리니에서의 화산 폭발(최근 기사를 검색해 보면 정확한 날짜는 여전히 논쟁 중이라는 것을 알 수 있다): T. Pfeiffer, "Vent Development During the Minoan Eruption (1640 BC) of Santorini, Greece, as Suggested by Ballistic Blocks," *Journal of Volcanology and Geothermal Research* 106 (2001): 229–42.

화산 분출과 연이은 쓰나미는 미노스 문명의 몰락을 가져왔다: 이것은 주된 가설이지만 보편적이지는 않다. 다음 예시를 보라. J. Grattan, "Aspects of Armageddon: An Exploration of the Role of Volcanic Eruptions in Human History and Civilization," *Quaternary International* 151 (2006): 10–18.

단점을 보완한 콘크리트

이 부분의 정보는 Courland (2011)에서 가져왔다. 추가로 몇 년간의 콘크리트와 물질에 관한 나의 연구에서 직접 얻은 경험을 적용했다.

모래는 충분히 있는가?

최근까지 모래와 자갈은 공사 현장 근처에서 채취되었다; 지난 20년 넘게 중국에서의 콘크리트 생산은 4배 증가했으며, 세계 나머지 국가에서는 50퍼센트 증가했다; 천연 모래 매장량은 유럽에 거의 남아 있지 않다: H. U. Sverdrup et al., "A Simple System Dynamics Model for the Global Production Rate of Sand, Gravel, Crushed Rock and Stone, Market Prices and Long-Term Supply Embedded into the WORLD6 Model," *BioPhysical Economics and Resource Quality* 2 (2017): 8.

콘크리트에 사용되는 다양한 유형의 모래와 자갈이 갖는 적합성; 산업용으로 추출되는 고체 물질의 70~90퍼센트는 1억 8000만 톤이며, 이는 세계 강에서 얻을 수 있는 양의 두 배에 달한다; 강과 해양에서 모래와 자갈을 얻는 경우 환경에 미치는 결과; 두바이와 싱가포르 프로젝트: United Nations Environment Programme, "Sand, Rarer Than One Thinks," *Global Environment Alert Service*, March 2014, hdl. handle.net/20.500.11822/8665.

다른 모든 건축 자재량의 두 배에 달하는 콘크리트: C. R. Gagg, "Cement and Concrete as an Engineering Material: An Historical Appraisal and Case Study Analysis," *Engineering Failure Analysis* 40 (2014): 114–40.

살아 있는 세라믹 공장들

성게와 조개껍데기 속의 진주층(mother-of-pearl)은 강력한 물질이다; research on creating such materials: N. A. J. M. Sommerdijk and G. de With, "Biomimetic $CaCO_3$ Mineralization Using Designer Molecules and Interfaces," *Chemical Reviews* 108 (2008): 4499–

550.

박테리아 콘크리트, 건축자재에서의 생명공학 기술 사용: V. Stabnikov et al., "Construction Biotechnology: A New Area of Biotechnological Research and Applications," *World Journal of Microbiology and Biotechnology* 93 (2015): 1224–35.

6. 다재다능한 탄소: 손톱, 고무, 플라스틱

플라스틱이 없던 시절에 병원용 의료기구가 어떻게 만들어졌는지에 관한 정보: I found this discussion on a nurses' website: sunnyjohn, "What was IV tubing made of before the invention of plastics?," General Nursing forum, allnurses.com, August 5, 2005, allnurses. com/what-iv-tubing-made-invention-t84632.

혈액은행의 역사와 플라스틱 혈액 주머니의 중요성에 관하여: C. W. Walter, "Invention and Development of the Blood Bag," *Vox Sanguinis* 47 (1984): 318–24.

천연고무와 훌륭한 경화

천연고무와 경화에 관하여: Massy (2017).

고무마개로 봉해진 유리: L. Meredith, "The Brief History of Canning Foods," The Spruce Eats, updated October 2, 2019, thespruceeats.com/brief-history-of-canning-food-1327429

콩고에서의 고무 추출: A. Hochschild, *King Leopold's Legacy*, Pax Publishers, 2005.

케라틴의 구조: Wikipedia, "Keratin," updated June 29, 2018, en.wikipedia.org/wiki/Keratin.

목재에서 직물까지

셀룰로스의 구조와 구성 물질: Massy (2017).

과거의 플라스틱

플라스틱이 음식물 쓰레기를 줄일 수 있는지에 관한 토론: J.-P. Schwetizer et al., *Unwrapped: How Throwaway Plastic Is Failing to Reduce Europe's Food Waste Problem (And What We Needto Do Instead)*, Institute for European Environmental Policy (IEEP), 2018.

고체 물질은 대략 2마일(2~4킬로미터) 깊이에서 액체가 된다; 공룡과 나무는 석탄이 된다; 조류(algae)와 다른 작은 생명체는 석유가 된다: S. Chernicoff and H. A. Fox, *Essentials of Geology*, 2nd ed., Houghton Mifflin, 2000.

리오 베이클랜드(Leo Baekland), 화석 에너지원으로 만들어진 최초의 플라스틱: Massy (2017); J. Jiang and N. King, "How Fossil Fuels Helped a Chemist Launch the Plastic Industry," September 29, 2016, All Things Considered, transcript and audio at Planet Money, npr.org/2016/09/29/495965233/how-fossil-fuels-helped-a-chemist-launch-the-plastic-industry?t=1530770723354.

물질과 그 사용, 플라스틱 첨가제: Massy (2017).

오늘날 거의 4억 톤에 달하는 플라스틱(2015년에 3억 8000만 톤): R. Geyer et
al., "Production, Use and Fate of All Plastics Ever Made," *Science
Advances* 3 (2017): e1700782.

오늘날의 석유 소비는 40억 톤이다: OECD, "Crude Oil Production
(Indicator)," accessed July 5, 2018, doi.org/10.1787/4747b431-en.

쓰레기 섬

헨더슨 섬의 플라스틱 연구: Lavers and Bond (2017).

우리는 이 모든 플라스틱으로 무슨 일을 하나?

헨더슨 섬의 플라스틱 기원: Lavers and Bond (2017).

위에서 40개가 넘는 비닐 백이 발견된 고래: Store Norske Leksikon,
"Plasthvalen" (Plastic whale), updated November 2, 2017, snl.no/
plasthvalen.

우리 몸속의 플라스틱 폐기물: A. D. Vethaak and H. A. Leslie, "Plastic
Debris Is a Human Health Issue," *Environmental Science and
Technology* 50 (2016): 6825–26.

파란 봉지 속의 플라스틱에 무슨 일이 일어났나: "Hva skjer med plasten?"
(What happens to the plastic?), Esval Miljøpark (Esval environmental
park), esval.no/renovasjon/kildesortering/hva_skjer_med_
plasten_.

플라스틱은 재활용에 그리 적합하지 않다: Massy (2017).

플라스틱 안전하게 태우기: A. Herring, "Burning Plastic as Cleanly as Natural Gas," phys.org, December 5, 2013, phys.org/news/2013-12-plastic-cleanly-natural-gas.html.

미생물에 의해 분해될 수 있는 플라스틱: V. Piemonte, "Inside the Bioplastics World: An Alternative to Petroleum-Based Plastics," in *Sustainable Development in Chemical Engineering—Innovative Technologies,* ed. V. Piemonte, John Wiley & Sons (2013); OECD (2011).

기름에서 만들어진 플라스틱

연간 10억 톤으로 증가할 플라스틱 생산 프로젝트; 극한의 환경에서 살아가는 유기체의 사용; 변화하는 유전자: OECD (2011).

최초의 레고 블록은 셀룰로스로 만들어졌다: K. Heggdal and C. Veløy, "Fremtidens klimavennlige Lego-univers" (The climate-friendly Lego universe of the future), *NRK,* December 3, 2015, nrk.no/viten/xl/fremtidens-klimavenn-lige-lego-univers-1.12679556.

셀룰로스, 키틴질, 리그닌, 식물성기름, 젖산의 사용, 셀룰로스 섬유소를 생산하는 박테리아: A. Gandini, "Polymers from Renewable Resources: A Challenge for the Future of Macromolecular Material," *Macromolecules* 41 (2008): 9491–504.

7. 칼륨, 질소, 인: 우리에게 음식을 제공하는 원소들

사해로의 여행

1960년대와 1970년대의 양수장, 남부지방의 추출 공장, 광로석(carnallite)의 생산: Holmes (2010). 120 feet lower than before the pumping stations: S. Griffiths, "Slow Death of the Dead Sea: Levels of Salt Water Are Dropping by One Meter Every Year," MailOnline, January 5, 2015, dailymail.co.uk/sciencetech/article–2897538/Slow-death-Dead-Sea-Levels-salt-water-dropping-one-metre-year.html.

연간 3피트씩 낮아지는 수위: Israel Oceanographic & Limnological Research, "Long-Term Changes in the Dead Sea," isramar.ocean.org.il/isramar2009/DeadSea/LongTerm.aspx.

우리 신경 속의 영양분

신체에서의 칼륨 기능: Khurshid and Qureshi (1984).

물에서 오는 칼륨

칼륨 추출: The Canadian Encyclopedia, "Potash," updated March 4, 2015, thecanadianencyclopedia.ca/en/article/potash.

세계에서 가장 큰 칼륨 생산국; reserves and resources: USGS (2018).

지하수 자원이 고갈되고 있다: C. Dalin et al., "Groundwater Depletion Embedded in International Food Trade," *Nature* 543 (2017):

700–704.

공기에서 온 질소

질소는 신체 무게의 3.2퍼센트를 차지한다: Wikipedia, "Composition of the Human Body," updated July 2, 2018, en.wikipedia.org/wiki/ Composition_of_the_human_body.

대기 중의 질소, 식물에 흡수될 수 있는 형태로 전환, 질소 사이클: A. Appelo and D. Postma, *Geochemistry, Groundwater and Pollution*, 2nd ed., A.A. Balkema, 2005.

비르켈란-에이드법(Birkeland-Eyde process): Wikipedia, "Birkeland-Eyde Process," updated January 31, 2020, en.wiki pedia.org/wiki/ Birkeland–Eyde_process.

노르웨이 인공비료 생산을 위한 기초 쌓기와 하버-보슈법(Haber-Bosch process)으로의 변천: Wikipedia, "Norsk Hydro," updated January 31, 2020, en.wikipedia.org/wiki/Norsk_Hydro.

하버-보슈법: Wikipedia, "Haber Process," updated January 8, 2020, en.wikipedia.org/wiki/Haber_process.

농업에서 쓰이는 질소의 절반은 비료에서 온다; 알려진 모든 천연가스 자원과 1000년 동안 충분한 질소 비료; 대체 생산 방법: M. Blanco, Supply of and Access to Key Nutrients NPK for Fertilizers for Feeding the World in 2050, ETSI Agrónomos UPM, November 28, 2011.

비르켈란-에이드법을 더욱 에너지 효율적으로 만들기: O. R. Valmot,

"Vil kapre enormt marked med over 100 år gammel norsk teknologi," Teknisk Ukeblad, January 28, 2016, tu.no/artikler/vilkapre-enormt-marked-med-over–100-ar-gammel-norskteknologi/276467.

질소 고정을 이용한 유전자 조작: F. Mus et al., "Symbiotic Nitrogen Fixation and the Challenges of Its Extension to Nonlegumes," *Applied and Environmental Microbiology* 82 (2016): 3698–710.

암석에서 나오는 인

광물질의 표면에 붙어 있거나 고체 형태로 존재하는 인: Appelo and Postma, Geochemistry, Groundwater and Pollution.

인은 체중의 1퍼센트를 차지한다: Wikipedia, "Composition of the Human Body".

인 비료의 역사적 사용, 오늘날 사용되는 지질학적 인의 양, 유기농에서의 사용, 추출된 인의 20퍼센트가 음식물에 도달한다, 인의 손실, 일정 비율의 영양분은 토양으로 돌아온다, 인에 대한 지질학적 의존성을 줄이는 방법: Cordell et al. (2009).

주요 생산국, 자원, 매장량: USGS (2018).

모로코와 서부 사하라: A. Kasprak, "The Desert Rock That Feeds the World," *Atlantic*, November 29, 2016, theatlantic.com/science/archive/2016/11/the-desert–rock-that-feeds-the-world/508853.

뉴질랜드 바깥쪽 해저에서의 추출: Chatham Rock Phosphate, "The Project Overview," rockphosphate.co.nz/theproject. The permit application was rejected in 2015, but the company is trying again. See R. Howard, "Chatham Rock Says Rejection of EPA Cost Claim Will Hurt Cash Flow," *National Business Review*, December 12, 2017, nbr.co.nz/article/chathamrock-says-rejection-epa-costs-claim-will-hurt-cash-flow-b-211056.

나미비아 바깥쪽 해저에서의 추출(Sandpiper Phosphate), permission in 2016: E. Smit, "Phosphate Mining Gets Green Light," Ministry of Environment and Tourism Namibia, October 19, 2016, met.gov.na/news/159/phosphate-mining–gets–green-light. The permit was later revoked following disagreement with local groups, and the case is not yet closed: G. Mathope, "Marine Phosphate Mining Gets Namibians Hot Under the Collar," *Citizen*, April 26, 2017, citizen.co.za/business/1497708/marine-phosphate-mining-getsnamibians-hot-collar.

100년 이내에 식량 생산에 있어서 인이 부족해질 것이다: Cordell et al. (2009); Sverdrup and Ragnarsdóttir (2014).

서류로 확인된 매장량, 1100년 넘게 인을 추출할 수 있다: USGS (2018) states total resources are around 300 billion metric tons, 263 million metric tons were mined in 2017, 300 billion metric tons / 263 million metric tons per year = 1,100 years. For discussion on whether we will observe scarcity of phosphorus in a few decades, see also: F.-W. Wellmer, "Discovery and Sustainability," in *Non-Renewable Resources Issues*, ed. R. Sinding-Larsen and F.-

W. Wellmer, Springer, 2012; and R. W. Scholz and F.-W. Wellmer, "Approaching a Dynamic View on the Availability of Mineral Resources: What May We Learn from the Phosphorous Case?," *Global Environmental Change* 23 (2012): 11–27.

자연이 표층 1인치를 만드는 데 100년이 걸린다, 표층의 상실은 새로운 흙이 형성되는 것보다 10~100배 빨리 일어난다, 오늘날 인의 손실은 자연적 공급보다 6배 크다, 환경에서 가장 많은 인을 얻기 위해 농업을 최적화하기, 인구의 감소: Sverdrup and Ragnarsdóttir (2014).

건조 지대의 재앙: Wikipedia, "Dust Bowl," updated July 8,2018, en.wikipedia.org/wiki/Dust_Bowl.

지난 100년간 중서부 지방 표층의 절반이 상실됐다: K. W. Butzer, "Accelerated Soil Erosion: A Problem of Man-Land Relationships," in *Perspectives on Environment*, ed. I. R. Manners and M. W. Mikesell, Association of American Geographers, 1974.

사해의 침식작용: E. Oddone, "The Death of the Dead Sea," NOVA Next, August 17, 2016, pbs.org/wgbh/nova/article/dead-sea-dying.

농경지의 침식을 막기 위한 전략: Pipkin (2005).

스웨덴에 있는 '소변을 분리하는 화장실': Sweden Water and Sewer Guide, "Toilets," https://avloppsguiden.se/informationssidor/toaletter.

길을 잃은 영양분들

영양분은 거의 회수되지 않는다, 그 이유: J. M. McDonald et al., Manure

Use for Fertilizer and for Energy: Report to Congress US
Department of Agriculture, 2009.

컴퓨터화되어 필요한 만큼의 정확한 비료량을 공급하는 농업기계:
Norsk Landbrukssamvirke, "Presisjonslandbruket vil redusere
klimagassutslipp"(Precision agriculture will reduce greenhouse
gas emissions), updated September 18, 2018, landbruk.no/
biookonomi/presisjonslandbruk-redusere-klimagassutslipp.

사해의 미래

증발 웅덩이의 바닥은 연간 거의 7인치(17.8센티미터)씩 상승한다: Holmes
(2010).

8. 에너지 없이는 그 어떤 일도 생기지 않는다

태양에서 오는 에너지

인간의 에너지 소비가 어떻게 동물과는 다르게 진화해 왔는지에 관한 고찰
은 Smil (2004)에서 가져왔다.

고갈되어 가는 지구의 에너지 저장량

저장된 에너지는 0년(기원전 1년)과 비교하여 1900년에 3분의 2가 감소했
다; 오늘날에는 약 절반이 남아 있다(2000년에는 55퍼센트가 남아 있
었다; 나는 계속 감소할 것으로 추측한다); 오늘날 에너지의 85퍼센트는

원소들의 놀라운 이야기

화석연료 에너지원에서 온다; 문명에 쓰이는 에너지양은 태양으로
부터 발전소가 에너지를 포획하는 양의 4분의 1에 해당한다: J. R.
Schramski et al., "Human Domination of the Biosphere: Rapid
Discharge of the Earth-Space Battery Foretells the Future of
Mankind, *PNAS* 112 (2015): 9511–17.

2012년도 세계 인구: US Census Bureau, International Database, "Total
Midyear Population for the World: 1950–2050," web.archive.
org/web/20120121175120/http://www.census.gov/population/
international/data/idb/worldpoptotal.php, updated June 27,
2011; 7.6 billion in 2018: Worldometer, worldometers.info/world-
population.

이전과 비교했을 때 내 가족을 위한 에너지 공급: Smil (2004); S. Arneson,
"En norsk husholdning har samme energi- bruk som 3000
slaver og 200 trekkdyr" (A Norwegian household uses the same
amount of energy as 3,000 slaves and 200 migratory animals), Teknisk
Ukeblad, January 13, 2015, tu.no/artikler/kommentar-ennorsk-
husholdning-har-samme-energiforbruk-som-3000–slaver-og-
200-trekkdyr/223656. The estimates from Smil (USA) have been
adjusted down to adapt to Norwegian conditions.

우리가 원하는 사회

잉여 에너지, 전문화, 식량 생산에 있어서 인구의 비율: R. Heinberg, *Peak
Everything: Waking Up to the Century of Declines*, New Society

Publishers, 2007.

우선 과제의 순서("에너지 필요의 피라미드 구조"): J. G. Lambert et al., "Energy, EROI and Quality of Life," *Energy Policy* 64 (2014): 153–67.

들어오는 에너지와 나가는 에너지

This section is based on the Energy Return on Investment (EROI) concept, also known as Energy Return on Energy Invested (EROEI). EROI = energy out / energy in.

EROI = 20 for a good life, EROI > 10 for industrial society, EROI = 3 minimum target for primitive civilization, EROI = 10 for hunters and gatherers, EROI = 100 for oil extracted in the 1930s: C. A. S. Hall et al., "What Is the Minimum EROI That a Sustainable Society Must Have?," *Energies* 2 (2009): 25–47.

EROI = 20 for today's conventional oil field (world average 18 in 2005): C. A. S. Hall et al., "EROI for Different Fuels and the Implications for Society," *Energy Policy* 64 (2014): 141–52.

EROI = 10 (under 10) for unconventional oil sources: D. J. Murphy, "The Implications of the Declining Energy Return on Investment of Oil Production," Philosophical Transactions of the Royal Society A: *Mathematical, Physical, and Engineering Sciences*, 327 (2014):20130136.

원소들의 놀라운 이야기

화석연료 사회에서 벗어나기

사람들은 대부분 우리가 화석연료 에너지 자원의 상당한 양을 소비해 왔음에 동의한다; 석유의 시대는 이번 세기나 다음 세기에 끝날 것이다: 오늘날의 소비 속도면 자원은 앞으로 80~240년간 지속될 것이다: Sverdrup and Ragnarsdóttir (2014).

기후 변화와 그 영향: Intergovernmental Panel on Climate Change (IPCC), *Climate Change* 2014: Synthesis Report, IPCC, 2014, ipcc.ch/report/ar5/syr.

지열과 핵에너지: 태초의 지구에서 시작된 에너지

중성자별이 서로 혹은 블랙홀과 충돌할 때 발생하는 방사능물질: S. Rosswog, "Viewpoint: Out of Neutron Star Rubble Comes Gold," *Physics*, December 6, 2017, physics.aps.org/articles/v10/131.

열의 흐름은 일반적으로 너무 약하지만, 특정 장소에서는 유용할 수 있다: D. J. C. McKay, *Sustainable Energy—Without the Hot Air*, UIT Cambridge Ltd, 2009.

아이슬란드는 큰 규모의 알루미늄 생산국이다(아이슬란드는 2017년 세계에서 열 번째로 큰 알루미늄 생산국이었다): USGS (2018).

핵발전소의 원자로가 작동하는 방식, 연쇄반응: Store Norske Leksikon, "Kjernereaktor" (Nuclear reactor), updated January 21, 2015, snl.no/kjernereaktor.

오늘날의 기술 수준으로는 겨우 60~140년 후면 우라늄 시대가 끝나게 될 것이다; 신기술로 우리는 앞으로 25,000년간 에너지를 공급받을 것

이다: Sverdrup and Ragnarsdóttir (2014).

새로운 원자로와 그것에 사용되는 물질의 높은 수요, 핵의 위험성: F. Pearce, "Are Fast-Breeder Reactors the Answer to Our Nuclear Waste Nightmare?," *Guardian*, July 30, 2012, theguardian.com/environment/2012/jul/30/fast-breeder-reactors-nuclear-waste-nightmare, and N. Touran, "Molten Salt Reactors," WhatIsNuclear, whatisnuclear.com/msr.html.

태양에서 직접 얻는 동력

태양전지가 작동하는 방식: Wikipedia, "Solar Cells," accessed February 21, 2020, en.wikipedia.org/wiki/Solar_cell.

태양전지로 인해 발전이 가속된다; 많은 이들이 앞으로 태양전지가 가장 중요해질 것으로 믿고 있다: International Energy Agency (IEA), World Energy Outlook 2017, IEA, 2017, iea.org/weo2017.

2050년 이전에 납의 공급은 감소할 것이고, 주석과 은의 공급 감소도 이어질 것이다: Sverdrup and Ragnarsdóttir (2014).

새로운 유형의 태양전지를 구성하는 물질(갈륨, 텔루르, 인듐, 셀레늄)과 염료 태양전지: Öhrlund (2011).

셀레늄과 구리를 연결하고, 갈륨과 알루미늄을 연결한다: V. Steinbach and F.-W. Wellmer, "Consumption and Use of Non-Renewable Mineral and Energy Raw Materials from an Economic Geology Point of View," Sustainability 2 (2010): 1408–30.

염료를 가진 태양전지에 관하여: Wikipedia, "Dye-Sensitized Solar Cell,"

updated July 9, 2018, en.wikipedia.org/wiki/Dye-sensitized_
solar_cell.

물은 흐르고 바람은 분다

수력발전보다 풍력발전의 발전 가능성이 더 크다: Figures from the
International Energy Agency, "Hydropower," iea.org/topics/
renewables/hydropower (119 GW increase 2017–2022), and "Wind,"
iea.org/topics/renewables/wind (295 GW increase 2017–2022), both
parts from IEA, Renewables 2017, IEA, 2017.

풍력 터빈의 발전은 1970년대에 가속화되었다; 풍력 터빈의 수명은 20~30
년에서 15년이 증가했다; 화력발전과 핵발전의 수명은 30~50년이
다; 풍력 터빈에 쓰이는 물질: Wilburn (2011).

바람을 이용해 노르웨이에서 필요한 모든 에너지를 생산할 수 있었다:
2016년 노르웨이의 순에너지 소비는 214테라와트(TWh)였다:
Statistics Norway, "Production and Consumption of Energy,
Energy Balance," updated June 20, 2018, ssb.no/energi–og-
industri/statistikker/energibalanse. 해안가 풍력을 이용한 이론적
인 에너지 자원은 1400TWh이다: Norwegian Water Resources and
Energy Directorate (NVE), "Resource Base," updated April 11,
2019, nve.no/energiforsyning/ressursgrunnlag.

Hydropower EROI > 100, wind power EROI = 20: Hall et al., "EROI for
Different Fuels and the Implications for Society."

희토류 원소

희토류 원소: Wikipedia, "Rare-Earth Element," accessed February 21, 2020, en.wikipedia.org/wiki/Rare-earth_element.

휴대전화에 쓰이는 네오디뮴과 60가지 다른 원소들: J. Desjardins, "Extraordinary Raw Materials in an iPhone 6s," *Visual Capitalist*, March 8, 2016, visualcapitalist.com/extraordinary-raw-materials-iphone-6s.

중국이 희토류의 생산을 주도하고 있다; 브라질은 중국 다음으로 가장 큰 희토류 매장량을 가지고 있다: USGS (2018).

풍력발전에 주어진 도전 과제: Öhrlund (2011); Wilbur (2011).

펜 콤플렉스(Fen Complex)는 유럽 최대의 매장지다; mapping today: J. Seehusen, "Norge kan sitte på Europas største forekomst av sjeldne jordarter" (Norway could be sitting on Europe's largest occurrence of rare-earth elements) Teknisk Ukeblad, July 23, 2017, tu.no/artikler/norge-kan-sitte-pa-europas- storste-forekomst-avsjeldne-jordarter/398067.

펜 콤플렉스의 지질학적 역사: S. Dahlgren, "Fensfeltet—et stykke eksplosiv geologi" (The Fen Complex—A piece of explosive geology), *Stein magasin for populærgeologi* 3 (1993): 146–55.

조용한 겨울밤의 전력

펌프 발전소: Wikipedia, "Pumped-Storage Hydroelectricity," updated February 19, 2020, en.wikipedia.org/wiki/Pumpedstorage_ hydroelectricity.

플라이휠에 저장된 에너지: S. Springborg, "Danskere vil opfinde svinghjul til lagring af vind-og solenergi" (Danes want to invent flywheels for storing wind and solar energy), EnergiWatch, November 1, 2017, energiwatch.dk/Energinyt/Cleantech/article9993112.ece.

녹은 소금에 저장된 에너지: Wikipedia, "Thermal Energy Storage: Molten-salt technology," updated February 7, 2020, en.wikipedia. org/wiki/Thermal_energy_storage#Moltensalt_technology.

배터리 속의 코발트

배터리의 리튬과 코발트 사용: Wikipedia, "Lithium-Ion Battery," updated July 18, 2018, en.wikipedia.org/wiki/Lithium-ion_battery.

호주는 고체 암석(spodums)에서, 아르헨티나와 칠레는 바닷물 자원(brine) 에서 추출한다; 현재의 속도로 1200년 넘게 생산 가능(총 자원량은 5300만 톤이며, 2017년에 43,000톤이 생산됐고, 현재 속도로 1233년간 생산 가능): USGS (2018).

콩고에서의 코발트 추출: USGS (2018); T. C. Frankel, "The Cobalt Pipeline: Tracing the Path from Deadly Hand-Dug Mines in Congo to Consumers' Phones and Laptops," *Washington Post,* September 30, 2016, washingtonpost.com/graphics/business/ batteries/congo-cobaltmining-for-lithium-ion-battery.

Energy density in oil (approx. 55 MJ/kg), lithium-ion batteries(theoretical maximum approx. 3 MJ/kg), lithium-air batteries(theoretical maximum

approx. 43 MJ/kg); 수소 1킬로그램은 석유 1킬로그램이 갖는 에너
지양의 3배를 함유하고 있다: K. Z. House and A. Johnson, "The
Limits of Energy Storage Technology," *Bulletin of the Atomic
Scientists*, January 20, 2009, thebulletin.org/2009/01/the-limits-of-
energy-storage-technology.

연료 전지는 백금을 함유한다: International Platinum Group Metals
Association, "Fuel Cells," ipa-news.de/index/pgm-applications/
automotive/fuel-cells.html.

남아프리카는 세계 최대의 백금 생산지다; four other countries: USGS
(2018).

정부 당국들이 특별히 주의를 기울이는 원소들 중 하나인 백금: NRC
(2008).

발전소에서 나온 휘발유

흙 속 유기물질의 기능, 생물연료는 어떻게 생산되나: A. Friedemann,
"Peak Soil: Why Cellulosic Ethanol, Biofuels Are Unsustainable
and a Threat to America," resilience.org, April 13, 2007,
resilience.org/stories/2007-04-13/peak-soil-why-cellulosic-
ethanol-biofuels-are-unsustainable-and-threat-america.

광합성은 태양에너지의 최대 12퍼센트를 저장한다; can get EROI = 50
for energy-rich plants and lots of sun; biofuels on the market
today have an EROI between 2 and 5, around 1 for difficult
resources: A. K. Ringsmuth et al., "Can Photosynthesis Enable

원소들의 놀라운 이야기

a Global Transition from Fossil Fuels to Solar Fuels, to Mitigate Climate Change and Fuel-Supply Limitations?," *Renewable and Sustainable Energy Reviews* 62 (2016): 134–63.

태양전지는 태양에너지의 약 20퍼센트를 저장할 수 있다: Wikipedia, "Solar Cells," accessed February 21, 2020, en.wikipedia.org/wiki/Solar_cell.

탱크와 파이프에서 자라는 조류(algae): OECD (2011).

오늘날 우리는 석유를 먹는다

"today we eat oil"라는 표현은 식량이 제공하는 것보다 식량을 생산하는 데 10배 더 많은 에너지가 필요하다는 사실을 함축한다; increased food production since the 1950s: D. A. Pfeiffer, "Eating Fossil Fuels," resilience.org, October 2, 2003, resilience.org/stories/2003-10-02/eating-fossil-fuels.

9. 차선책

무한한 에너지: 지구 위의 태양

태양에서의 온도와 압력; 냉전시대에 행해진 연구; 토카막(tokamak, 핵융합 실험을 위해 자기장을 이용해 플라스마를 가두는 장치—옮긴이)과 스텔러레이터(stellarator, 핵융합반응의 기초 실험 장치—옮긴이)의 디자인과 도전 과제; 스텔러레이터는 1950년대에 처음 제안되었고 1980년대

에 개발됐다: A. Mann, "Core Concepts: Stabilizing Turbulence in Fusion Stellarators," *PNAS* 114 (2017): 1217–19.

중수소와 삼중수소의 사용; 오늘날 삼중수소는 희귀한 변종 리튬에 의해 생산된다; 지구 지각에서 얻은 리튬을 이용하면 1000년간 에너지 소비가 가능하고, 바다에서 추출하면 몇 백만 년간 소비할 수 있다; 핵 원자로의 노심 용융(meltdown)이나 폭발은 없다; 플라스마는 자기장으로 갇혀 있다; 핵 원자로에서 생성되는 방사능물질: S. C. Cowley, "The Quest for Fusion Power," *Nature Physics* 12 (2016): 384–86.

노르스크 하이드로(Norsk Hydro)에 대항하는 파괴 행위: Wikipedia, "Norwegian Heavy Water Sabotage," accessed February 21, 2020, en.wikipedia.org/wiki/Norwegian_heavy_water_sabotage.

ITER first plasma in 2025: ITER, "Building ITER," iter.org/construction/construction.

Wendelstein 7-X Plasma in 2016: Max Planck Institute for Plasma Physics, "Wendelstein 7-X: Upgrading After Successful First Round of Experiments," press release, July 8, 2016, ipp.mpg.de/4073918/07_16.

우주의 원소들

투탕카멘의 단검: Comelli et al. (2016).

해마다 수천 개의 운석이 떨어진다; 여기에는 2500톤의 철, 600톤의 니켈, 100톤의 코발트가 존재한다: Sverdrup and Ragnarsdóttir (2014).

15억 톤의 철, 200만 톤의 니켈, 11만 톤의 코발트를 추출했다: USGS

(2018).

태양계에는 알려진 것만 수천 개의 소행성이 존재한다; 지구로부터 9000
만~2억 8000만 마일 떨어진 곳에 소행성 띠가 존재한다(이것은 태양
에서 1억 8500만~3억 7000만 마일 떨어져 있다. 지구와 태양 사이의 거리는
9500만 마일이다); 케레스(Ceres) 소행성은 지름이 600마일인 가장 큰
소행성이다; 아마도 몇 천 개의 소행성이 지구에 더 가까이 존재할
것이며, 확실히 알려진 것만 250개다. 수천 개의 소행성이 지구와 부
딪힐 수 있다; 소행성의 구성 성분: NASA, "Near Earth Rendezvous
(NEAR) Press Kit," February 1996, https://www.nasa.gov/home/
hqnews/presskit/1996/NEAR_Press_Kit/NEARpk.txt.

소행성 채굴은 어떻게 일어나는가: Science Clarified, "How Humans
Will Mine Asteroids and Comets," scienceclarified.com/scitech/
Comets-and-Asteroids/How-Humans-Will-Mine-Asteroids-and-
Comets.html.

장기간의 무중력상태가 신체에 미치는 영향('쌍둥이 연구'의 최신 결과가 설명
되어 있다. 이 연구에서 Scott Kelly는 우주 정거장에서 거의 1년간 머물렀고,
그의 쌍둥이 형제는 지구에 있었다; 더 자세한 결과는 2018년 이후에 나올
것이다): J. Parks, "How Does Space Change the Human Body?,"
Astronomy, February 16, 2018, astronomy.com/news/2018/02/
how-does-space-change-the-human-body.

하야부사(Hayabusa): E. Howell, "Hayabusa: Troubled Sample-Return
Mission," Space.com, March 30, 2018, space.com/40156-
hayabusa.html.

하야부사 2(Hayabusa 2): E. Howell, "Hayabusa 2: Japan's 2nd Asteroid Sample Mission," Space.com, July 9, 2018, space.com/40161-hayabusa2.html.

OSIRIS-REx: NASA, "About OSIRIS-REx," nasa.gov/mission_pages/osiris-rex/about. According to NASA's "Mission Status" page, everything is going according to plan and the vessel is currently orbiting Bennu in preparation for sample collection: asteroidmission.org/status-updates.

광산채굴계획을 가진 영리 회사들은 우주의 유용한 자원에 초점을 맞추고 있다: C. P. Persson, "Gruvedrift på asteroider: Første skritt blir drivstoffstasjoner i verdensrommet (Mining on asteroids: The first step will be fuel stations in space), forskning.no, April 8, 2017, forskning.no/romfart/gruvedrift-pa-asteroider–forste-skritt-blir-drivstoffstasjoner-i-verdensrommet/354247.

지구에서 먼 곳에?

지구를 떠나는 것에 관한 Elon Musk의 생각: M. Mosher and K. Dickerson, "Elon Musk: We Need to Leave Earth as Soon as Possible." *Business Insider*, October 10, 2015, businessinsider.com/elon-musk-mars-colonieshuman-survival-2015–10?r=US&IR=T&IR=T.

지구를 떠나는 것에 관한 스티븐 호킹의 생각: M. Valle, "Slik tror Stephen Hawking at vi kan forlate solsystemet" (This is how Stephen Hawking thinks we can leave the solar system), *Teknisk Ukeblad*,

June 21, 2017, tu.no/artikler/slik-tror-stephen-hawking-at-vi-kan-forlatesolsystemet/396288.

킵 손(Kip Thorne)의 강의: K. Thorne, "The Science of the Movie," lecture, Realfagsbiblioteket, University of Oslo, September 7, 2016.

영화 〈인터스텔라(Interstellar)〉: C. Nolan, dir., *Interstellar*, Legendary Pictures, 2014.

지구에서 가장 가까운 별은 4광년 거리에 있다: Wikipedia, "Proxima Centauri," accessed February 21, 2020, en.wikipedia.org/wiki/Proxima_Centauri.

10. 우리가 지구를 다 써 버릴 수 있을까?

Helium disappearing out into space: heliumscarcity.com.

성장의 한계

성장의 한계: D. H. Meadows et al., *The Limits to Growth (Where Is the Limit?)*, Universe Books, 1972.

맬서스는 1798년에 경고했다: Jackson (2017); T. Malthus "An Essay on the Principle of Population, as It Affects the Future Improvement of Society, with Remarks on the Speculations of Mr. Goodwin, M. Condorcet, and Other Writers," London: J. Johnson, 1798.

1766년 애덤 스미스의 견해: Raworth (2017), page 250: "애덤 스미스는 모

든 경제가 궁극적으로 토양과 기후, 상황에 의해 결정되는 '부의 완전한 달성'으로, 결국 '정지된 상태'에 도달할 것이라고 믿었다." (A. Smith, *An Inquiry into the Nature and Causes of the Wealth of Nations*, 1776)

애덤 스미스는 사회경제학의 창시자다: A. Sandmo, "Nasjonenes velstand" (The Wealth of Nations), Minerva, December 20, 2011, minervanett.no/nasjonenes-velstand/131848.

점점 더 빨라지는 성장

스포츠 분야에서 마법의 물방울에 관한 예는 C. Martensond에 기초한다. "Crash Course Chapter 4: Compounding Is the Problem," Peak Prosperity (blog), peakprosperity.com/crashcourse/chapter-4-compounding-problem.

경제 성장의 필요성

경제는 상승하거나 하강하는 성장세를 보이며 수평 상태를 유지하는 경우가 없다; 자원의 사용을 늘리지 않고 이루어지는 경제 성장 디커플링(decoupling, 비동조화) 그리고 성장 없이 경제가 안정될 가능성: Raworth (2017) and Jackson (2017).

더 많은 자원을 사용하지 않고도 경제가 성장할 수 있을까?

3퍼센트 이상의 전기가 인터넷에 사용되고 있지만 5년 이내에 20퍼센트가 될 것이다: J. Vidal, "'Tsunami of Data' Could Consume One Fifth

원소들의 놀라운 이야기

of Global Electricity by 2025," *Climate Home News*, December 11, 2017, climatechangenews.com/2017/12/11/tsunami-data-consume-one-fifth-global-electricity-2025.

살 수 있는 지역

경제학과 학생들의 반발: rethinkingeconomics.org.